D1662331

MIKROELEKTRONIK

Herausgegeben von

Walter Engl

Hans Weinerth

Springer

Berlin
Heidelberg
New York
Barcelona
Budapest
Hongkong
London
Mailand
Paris
Santa Clara
Singapur
Tokio

Wilfried Daehn

Testverfahren in der Mikroelektronik

Methoden und Werkzeuge

Mit 139 Abbildungen und 27 Tabellen

 Springer

Dr.-Ing. Wilfried Daehn
Mittelweg 18 c
29227 Celle

Herausgeber der Reihe:

Prof. Dr. rer. nat. Walter L. Engl
Institut für Theoretische Elektrotechnik
RWTH Aachen
Kopernikusstraße 16
52074 Aachen

Dr.-Ing. Hans Weinerth
Gesellschaft für Silizium-Anwendungen
und CAD/CAT Niedersachsen GmbH (Sican)
Garbsener Landstraße 10
30419 Hannover

ISBN 3-540-61728-0 Springer-Verlag Berlin Heidelberg New York

Die Deutsche Bibliothek - CIP-Einheitsaufnahme
Daehn, Wilfried:
Testverfahren in der Mikroelektronik : mit 27 Tabellen / Wilfried Daehn.-Berlin ;
Heidelberg ; New York ; Barcelona ; Budapest ; Hong Kong ; London ; Mailand ; Paris ;
Santa Clara ; Singapur ; Tokio : Springer 1997
    ISBN 3-540-61728-0

Die Wiedergabe von Gebrauchsnamen, Handelsnamen, Warenbezeichnungen usw. in
diesem Buch berechtigt auch ohne besondere Kennzeichnung nicht zu der Annahme,
daß solche Namen im Sinne der Warenzeichen- und Markenschutz-Gesetzgebung als frei
zu betrachten wären und daher von jedermann benutzt werden dürften.

Sollte in diesem Werk direkt oder indirekt auf Gesetze, Vorschriften oder Richtlinien
(z.B. DIN, VDI, VDE) Bezug genommen oder aus ihnen zitiert worden sein, so kann der
Verlag keine Gewähr für die Richtigkeit, Vollständigkeit oder Aktualität übernehmen.
Es empfiehlt sich, gegebenenfalls für die eigenen Arbeiten die vollständigen Vorschriften
oder Richtlinien in der jeweils gültigen Fassung hinzuzuziehen.

Herstellung: Produserv Springer Produktions-Gesellschaft, Berlin
Satz: Reproduktionsfertige Vorlage des Autors
Umschlaggestaltung: Struve & Partner, Heidelberg

SPIN: 10498556   68/3020 - 5 4 3 2 1 0 - Gedruckt auf säurefreiem Papier

Für Corinna, Tristan und Ramon

Vorwort

Dies Buch ist bildet den Kern zweier von mir gehaltener Vorlesungen am Institut für Theoretische Elektrotechnik der Universität Hannover und am Institut für datenverarbeitende Anlagen der Technischen Universität Carolo Wilhelmina zu Braunschweig. Es ist in großen Teilen beeinflußt durch die gemeinsame Arbeit mit einem geschätzten Kollegen, T. W. Williams. Es ist ein Handbuch für den erfahrenen Testingenieur. Vor allem richtet es sich aber an Studierenden der Elektrotechnik und Technischen Informatik mit Schwerpunkt Entwurf digitaler Schaltungen. Es soll Ihnen als Leitfaden beim testfreundlichen Entwurf dienen, damit nicht, wie 1995 von INTEL verkündet, die Testkosten die Grenze bilden, welche ein weiteres Wachstum der Mikroelektronik und Informationstechnik verhindern. Wenngleich die behandelten Themen unterschiedliche Betrachtungsweise erzwingen, war es ein wesentliches Anliegen den Stoff hinsichtlich Theorie und Mathematik weitestgehend konsistent darzustellen.

Nach einer kurzen Einführung mit Begiffsabgrenzung folgt eine Diskussion verschiedener Defektmechanismen und der daraus resultierenden Fehlermodelle für integrierte digitale Schaltungen.In Kapitel 2 werden exakten Bedingungen für die Erkennbarkeit von Fehlern in Schaltungen formuliert und darauf aufbauende Testmusterberechnungsverfahren für kombinatorische und sequentielle Schaltungen behandelt. Kapitel 3 erläutert die wesentlichen Fehlersimulationsverfahren und vermittelt ein Gefühl für die Komplexität der zugrundeliegenden Algorithmen. Aufbauend auf der in Kapitel 1 vorgenommenen Formulierung der Erkennbarkeit von Schaltungsfehlern werden in Kapitel 4 Methoden zur Schätzung der Testbarkeit einer Schaltung behandelt. Im fünften Kapitel werden konstruktive Maßnahmen zur Erhöhung der Testbarkeit von Schaltungen angesprochen. Sie beinhalten sowohl Methoden zur Vermeidung schwer zu modellierender Defekte als auch Maßnahmen, welche zu einer vereinfachten Testmusterberechnung oder Fehlersimulation führen und so die Kosten der Testvorbereitung in Grenzen halten, damit diese nicht zu Grenzen für das Wachstum der Komplexität digitaler Schaltungen werden. Das letzte Kapitel befaßt sich mit dem Selbsttest von Schaltungen, der nach ca. 15 Jahren der Diskussion im akademischen Umfeld jetzt auch im industriellen Bereich fester Bestandteil vieler Schaltungsentwürfe geworden ist.

Ich hoffe, daß durch die konsistente Behandlung des Themas dieses Buch sowohl Studenten als auch erfahrenen Designer der Zugang zu Testverfahren als auch zum testfreundlichen Entwurf von integrierten Schaltungen vereinfacht wird und ihnen bei der Lösung ihrer Aufgaben behilflich ist. Grundlegenden Kenntnisse im logischen Schaltungsentwurf und ein geringer statistischer Hintergrund werden vorausgesetzt.

Wilfried Daehn

Celle, 1996

Inhaltsverzeichnis

1 Einführung und Abgrenzung

Die zunehmende Bedeutung der Qualität technischer Produkte im Bewußtsein der Konsumenten findet ihren Niederschlag in den Produktionsplänen der Hersteller. Zur Sicherung der Qualität gegenüber dem Kunden werden an verschiedenen Stellen der Fertigung Tests von Teilkomponenten des Endprodukts eingeführt. Die Anforderungen und die Kosten dieser Tests sind Gegenstand der einführenden Überlegungen.

1.1 Testen im Produktionsablauf

Das Ziel des Tests während der Produktion ist die Sicherung der Qualität der gefertigten Produkte. Dies ist zunächst immer mit zusätzlichen Kosten verbunden. Die Notwendigkeit zur Qualitätssicherung kann sich aus verschiedenen Anforderungen an das Produkt ergeben:

1. Das Produkt wird in einem sicherheitsrelevanten Bereich eingesetzt. Beispiele hierfür sich:
   - Steuerung kerntechnischer oder chemischer Anlagen,
   - Einsatz in medizintechnischen lebenserhaltenden Systemen,
   - Einsatz in verkehrstechnischen Systemen (ABS, Zugsicherung,...).

2. Das Produkt ist eng mit dem Namen des Herstellers verknüpft und wird in großer Zahl gefertigt (Markenprodukte wie Fernseher, Radios, HiFi, etc.). Mangelnde Qualität führt zum Imageverlust des Herstellers und damit infolge zu Umsatz- und Gewinneinbrüchen, selbst wenn der Kunde auf dem Kulanzweg entschädigt wird.

3. Durch einen zu hohen Anteil von Ausschuß in der Produktion steigen die Fertigungskosten pro fehlerfreiem Gerät in unwirschaftliche Höhen. Die Geräte können nicht mehr kostendeckend verkauft werden.

Im ersten Fall werden die Anforderungen an die Qualität der Tests vorgegeben durch gesetzliche Vorschriften und Anforderungen seitens der Sachversicherer. Diesen Vorgaben kann sich der Hersteller in der Regel nicht entziehen.

Der zweite Fall wird hier nicht näher betrachtet. Die Wirkmechanismen sind komplex und können nur bedingt zahlenmäßig erfaßt werden.

Der dritte Fall soll hier näher betrachtet werden. Als Beispiel diene die Fertigung von Fernsehgeräten.

Beispiel:

Ziel: 98 % fehlerfreie Geräte vor der Endkontrolle
                     ==> 2 % Ausschuß

Der Ausschuß ist die Folge unzureichender Qualität des Montageprozesses einerseits und unzureichender Qualität der eingesetzten Komponenten. Zu den Montagefehlern gehören Lötfehler, falsches Einsetzen der Komponenten und Verbiegen der Anschlüsse, Einsetzen der falschen Komponenten, fehlerhafter Umgang mit den Komponenten (ESD) etc.

Komponenten ihrerseits erbringen in Fehlerfall entweder nicht die geforderte Funktion, zeigen ein anderes Timingverhalten, haben eine zu hohe Leistungsaufnahme usw. Bei einer Gleichverteilung der montage- und komponentenbedingten Fehler erhält man:

Gesamtmontagefehler: 1 %
Gesamtkomponentenfehler: 1 %

Es wird von folgender Anzahl von Komponenten/Gerät ausgegangen:

Zahl der Komponenten: 200

Um bei der genannten Zahl von Komponenten pro Gerät die Gesamtkomponentenfehlerrate von 1 % nicht zu übersteigen, darf der Anteil der defekt bezogenen Einzelkomponenten 50 ppm nicht übersteigen.

zulässige Komponentenfehlerrate: 50 ppm

Dieser zulässigen Komponentenfehlerrate ist gegenüberzustellen die bei der Fertigung integrierter Schaltungen erzielbare Prozeßausbeute.

IC-Prozeßausbeute: 33 % bis 98 %

Die Zahl von 33 % gilt, für neu eingeführte Fertigungsprozesse und Entwürfe, welche an den Grenzen der prozeßtechnischen Möglichkeiten orientiert sind. Bei ASIC-Prozessen, eingefahrenen Technologien und konservativen Entwurfsregeln ist von ca. 98 % Ausbeute auszugehen. Zur Definition der Anforderungen an ein Testverfahren wird von diesem vorteilhaften Wert ausgegangen. Stellt man die Anforderungen an die zulässige Fehlerrate der Komponenten der erzielbaren Prozeßausbeute gegenüber, wird deutlich welcher Qualitätsunterschied durch Testen der gefertigten ICs überbrückt werden muß.

$$\frac{1 \ - \ \text{IC-Prozessausbeute}}{\text{zulässige Komponentenfehlerrate}} \ = \ \frac{2 \ \%}{50 \ \text{ppm}} \ = \ 400 \qquad (1.1.1)$$

Der zu überbrückende Qualitätsunterschied zwischen den Möglichkeiten einer Halbleiterfertigung und den Anforderungen einer Gerätefertigung ist die Begründung für die Durchführung umfangreicher Schaltungstests.

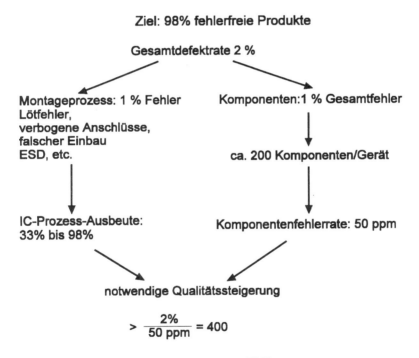

Abb. 1.1.1:   Bedarfsanalyse für die Qualität von IC-Tests

Unberücksichtigt ist dabei die Frage, an welcher Stelle im Produktionsablauf der Test erfolgen soll, und ob es wirtschaftlicher ist, erst die Geräte komplett zusammenzubauen und dann nach einem Test defekte Teile zu ersetzen, oder ob ein Test nach jedem einzelnen Produktionsschritt vorzuziehen sei. Tabelle 1.1.1 gibt Auskunft über die Kosten zur Identifizierung defekter ICs auf verschiedenen Stufen der Fertigung elektronischer Systeme.

Tabelle 1.1.1:   Kosten zur Identifikation defekter ICs während des Produktionsablaufs

	Fertigungsstufe	Testkosten
1.	integrierte Schaltung (IC)	1 DM
2.	Leiterplatte	10 DM
3.	Subsystem	100 DM
4.	System	1000 DM

Die Kosten für die Identifikation defekter Komponenten steigen exponentiel mit der Höhe der Fertigung. Daraus ergibt sich die Forderung:

-      Tests sind frühest möglich durchzuführen. Durch intensive Tests auf IC-Ebene kann die Zahl der kostenträchtigen fehlerlokalisierenden Tests auf Systemebene signifikant reduziert werden.

1.2   Begriffsklärung und Abgrenzung

Der Schaltungstest hat zum Ziel Fehler, welche im *Fertigungsablauf* nicht vermieden werden können, zu erkennen. Er soll gegen die folgenden artverwandte Aufgaben abgegrenzt werden:

-      Verifikation,
-      Validierung,
-      Identifikation und
-      Testen.

1.2.1   Verifikation

Die Verifikation ist ein Beweisverfahren. In Zusammenhang mit dem Schaltungsentwurf versteht man darunter die Prüfung der Konsistenz zweier unterschiedlicher Beschreibungen für das gleiche Schaltungsmodul. Sie wird sie üblicherweise eingesetzt nach dem Übergang von einer Beschreibungsebene auf die nächst tiefer liegende Ebene.

Vorgabe   **Realisierung**

vollständige Beschreibung   vollständige Beschreibung

Deckt die Beschreibung von A' die Beschreibung von A ab?

Abb. 1.2.1.2:   Verifikation

Gegeben sind dann zwei Beschreibungen A und A' eines Schaltungsmoduls. A' ist eine aus A abgeleitete Beschreibung. Bei der Verifikation wird gezeigt, daß die Funktion von A' alle an die Funktion von Modul A gestellten Anforderungen erfüllt.Vielfach ist auch die Funktion von A' gleich der Funktion von A.

Handelt es sich bei den Moduln um Automaten gilt entsprechendes für die Tabellen der Folgezustandsfunktion und der Ausgangsfunktion.

1.2.2   Validierung

Validieren heißt stichprobenartig durch Experimente die Übereinstimmung des Verhaltens eines Moduls mit dem spezifizierten Verhalten zu zeigen.

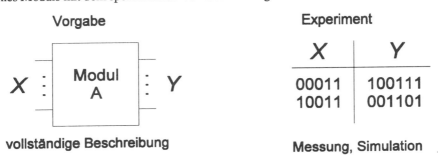

Vorgabe   **Experiment**

X	Y
00011	100111
10011	001101

vollständige Beschreibung   Messung, Simulation

Sind die Ergebnisse des Experiments konsistent mit der Beschreibung des Moduls?

Abb. 1.2.2.1:   Validierung

Sind die Ergebnisse der Experimente mit der Beschreibung des Moduls inkonsistent, dann ist das Modul fehlerhaft (entworfen). Aus der Übereinstimmung kann jedoch nicht auf die Fehlerfreiheit geschlossen werden. Insbesondere kann die Existenz mehrerer unterschiedlich spezifizierter Module, mit denen das Experiment konsistent ist nicht ausgeschlossen werden.

Beispiel:
Aus der fehlerfrei von einem Taschenrechner durchgeführten Addition

$$3 + 4 = 7$$

kann nicht auf die fehlerfreie Funktion für die Argumente 6 und 7 geschlossen werden.

Unterschied zur Verifikation:
Die Validierung ist unvollständig. Sie beinhaltet ein Experiment, während die Verifikation mit formalen mathematischen Mitteln erfolgt. As dem Umfang des Experiments kann bestenfalls auf die Wahrscheinlichkeit der Fehlerfreiheit geschlossen werden.

Unterscheidungsbeispiel:
Aus der Register-Transfer-Beschreibung (RT-Beschreibung) eines Rechenwerks wird mit Hilfe eines Syntheseprogramms eine Netzliste auf Gatterebene erzeugt.

1.   Durch Simulation von einigen wenigen Operationsbeispielen des Rechenwerks wird die Korrektheit der Beschreibung desselben auf Gatterebene *validiert*.
2.   Durch formale mathematischen Verifikationsverfahren kann die Korrektheit der Umsetzung von der RT- auf die Gatterebene *bewiesen* werden.
3.   Die Umsetzung der Beschreibung eines Rechenwerks auf der RT-Ebene auf eine Beschreibung auf der Gatterebene ist eine beispielhafte Anwendung des Synthesealgorithmus. Durch die Verifikation der korrekten Umsetzung wird gezeigt, daß der Algorithmus bei diesem Beispiel korrekt funktionierte. Die Korrektheit des Syntheseverfahrens selbst wird durch die Verifikation des Fallbeispiels "Rechenwerk" nur validiert und nicht bewiesen.

1.2.3   Identifikation

Aus einer Liste von Modulbeschreibungen wird ein vorhandenes Modul mit Hilfe eines Experiments aufgrund seines Ein/Ausgangsverhalten identifiziert (Abb. 1.2.3.1).

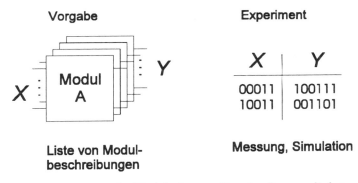

Gibt es genau ein Modul, dessen Beschreibung mit den Ergebnissen des Experiments konsistent ist?

Abb. 1.2.3.1:   Identifikation

Die Liste besteht in der Regel aus allen möglichen Modulen gleicher Komplexität. Bereits bei geringer Modulkompexität ist diese Liste sehr umfangreich.

Beispiel: Moore-Automat
Der Automat habe:

m Eingangsysmbole I_i, $i=0,...,m$-1,

n Zustände S_i, $i=0,...,n$-1, und

p Ausgangssymbole O_i, $i=0,...,p$-1.

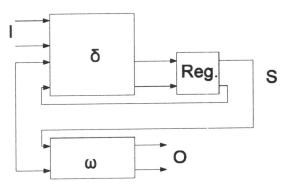

Abb. 1.2.3.2:   Moore-Automat

Tabelle 1.2.3.1 zeigt die Folgezustandsfunktion $S(t+1)=\delta(S(t),I(t))$ und die Ausgangsfunktion $O(t)=\omega(S(t))$.

Tabelle 1.2.3.1: Tabellen für die Folgezustands- und Ausgangsfunktion eines Moore-Automaten

δ	I_0	I_1	...	I_{m-1}		$\tilde{\omega}$	O
S_0	I_i	...		I_j		S_0	O_i
S_1	...			...		S_1	O_j
...	...					...	
S_{n-1}	I_k	...		I_l		S_{n-1}	O_k

Die Tabelle für die Folgezustandsfunktion hat $m \cdot n$ Einträge. Für jeden Eintrag gibt es m mögliche Werte S_i. Es gibt daher $m^{m \cdot n}$ mögliche Folgezustandsfunktionen.

Die Tabelle der Ausgangsfunktion hat nur m Einträge mit jeweils p möglichen Werten. Hieraus resultieren p^m mögliche Ausgangsfunktionen. Für die Zahl der möglichen Moore-Automaten mit m Eingangssymbolen, n Zuständen und p Ausgangssymbolen ergibt sich daher der Wert

$$m^{m \cdot n} \cdot p^n \, .$$

Die Frage der Identifizierbarkeit von endlichen Automaten mittels Ein/Ausgangs-experimenten wurde 1956 von Edward F. Moore /MOO56/ untersucht. Als Ergebnis der von Moore angestellten Gedankenexperimente ist folgenden festzuhalten.

> Mit Hilfe eines Ein/Ausgangsexperiments kann bei gegebener maximaler Zustandszahl jeder reduzierte streng verbundene Automat aus der Menge aller Automaten mit gleicher oder geringerer Zustandszahl erkannt werden.

T.L. Booth [BOO67] zeigte, daß zu jedem Automaten und zugehörigem Identifikations-experiment, welches diesen Automaten aus der Menge aller Automaten mit gleicher Zustandszahl identifiziert, ein anderer Automat mit höherer Zustandszahl konstruiert werden kann, welcher durch das gegebenen Identifikationsexperiment nicht vom ursprünglichen Automaten unterschieden werden kann, für welchen jedoch ein Experiment existiert, welches die zwei Automaten unterscheidet. Dies hat Auswirkungen für die später beschriebenen Testverfahren für CMOS-Schaltkreise.

1.2.4 Testen

Testen heißt produktionsbedingt fehlerhafte Schaltungen von der fehlerfreien Schaltung zu unterscheiden. Dies entspricht einen Identifikationsproblem bei einer eingeschränkten Modulliste.

Die Einschränkung erfolgt derart, daß nur Schaltungsvarianten betrachtet werden, welche durch produktionsbedingte Defekte aus der fehlerfreien Schaltung hervorgehen können (Abb. 1.2.4.1).

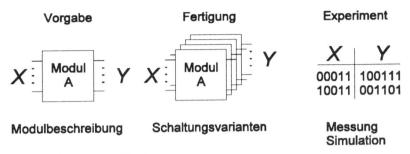

Fehlererkennender Test:
Kann die fehlerfreie Schaltung durch den Test von den
fehlerhaften Schaltungsvarianten unterschieden werden?

Fehlerdiagnostizierender Test:
Kann die fehlerhafte Schaltungsvariante eindeutig identifiziert werden?

Abb. 1.2.4.1:   Testen

Gibt es einen Fehlertyp, welcher zu keiner in der Liste enthaltenen Schaltungsvariante führt, ist in diesem Fall die Unterscheidung von der fehlerfreien Schaltung nicht gewährleistet. Der Test ist somit unvollständig.

Die Erkennung produktionsbedingter Defekte, welche zu einem Fehlverhalten der Schaltung führen, erfordert deshalb eine kontinuierliche Beobachtung des Produktionsprozeß.

Man unterscheidet fehlererkennende und fehlerdiagnostizierende Tests.

Fehlererkennender Test:
Ein fehlererkennender Test unterscheidet die fehlerfreie Schaltung von allen betrachteten Varianten fehlerbehafter Schaltungen.

Fehlerdiagnostizierender Test:
Ein fehlerdiagnostizierender Test identifiziert die vorliegenden Schaltungsvariante. Das heißt, er unterscheidet nicht nur die fehlerfreie Schaltung von allen fehlerbehafteten Schaltungsvarianten, sondern er unterscheidet auch die fehlerhaften Schaltungen und erlaubt damit eine Aussage über die Art des vorliegenden Fehlers.

2   Fehlermodelle

Eine Änderung des Verhaltens einer Schaltung infolge eines physikalischen Defekts wird als Fehler bezeichnet.

Logischer Fehler:
Ein logischer Fehler ist ein Fehler, welcher sich im logischen Verhalten eines Schaltkreises niederschlägt.

Parameterfehler:
Unter Parameterfehlern werden Fehler verstanden, welche Schaltkreisparameter wie Geschwindigkeit, Stromaufnahme Temperaturverhalten etc. verändern.

Verzögerungsfehler:
Verzögerungsfehler sind Fehlfunktionen des Schaltkreises hinsichtlich der Schaltgeschwindigkeit. Verzögerungsfehler können durch Parameterabweichungen verursacht sein.

Intermittierende Fehler:
Fehler, welche nur zeitweise auftreten.

Permanente Fehler:
Permanente Fehler sind zeitinvariant. Logische Fehler sind immer permanent.

2.1   Funktionsfehlermodell

Es wird die Annahme getätigt, daß ein Defekt die Funktion einer Schaltung in beliebiger Weise verändert ohne die Zahl der Zustände zu erhöhen.

Eine gedächtnislose Schaltung habe m Eingangssymbole und p Ausgangssymbole. Es gibt p Möglichkeiten einem Eingangssymbol ein Ausgangssymbol zuzuordnen. Folglich gibt es p^m mögliche Funktionen für eine kombinatorische Schaltung mit m Eingangs- und p Ausgangssymbolen.

Die Zahl der möglichen Funktionsfehler ist damit p^m-1. Von der Gesamtzahl der möglichen Funktionen ist 1 für die fehlerfreie Schaltung zu subtrahieren.

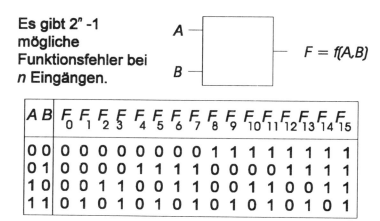

Es gibt 2^n -1 mögliche Funktionsfehler bei n Eingängen.

A —

B —

$F = f(A,B)$

A B	F_0	F_1	F_2	F_3	F_4	F_5	F_6	F_7	F_8	F_9	F_{10}	F_{11}	F_{12}	F_{13}	F_{14}	F_{15}
0 0	0	0	0	0	0	0	0	1	1	1	1	1	1	1	1	1
0 1	0	0	0	0	1	1	1	1	0	0	0	0	1	1	1	1
1 0	0	0	1	1	0	0	1	1	0	0	1	1	0	0	1	1
1 1	0	1	0	1	0	1	0	1	0	1	0	1	0	1	0	1

Abb. 2.1.1:   Funktionsfehler in kombinatorischen Schaltungen

Funktionsfehler bei endlichen Automaten, sind Fehler, welche sich als fehlerhafte Einträge in den Tabellen für die Folgezustandsfunktion oder die Ausgangsfunktion darstellen.

Das Funktionsfehlermodell findet vornehmlich Anwendung bei:

- Lesespeichern: Programmierfehler können hier dem Inhalt des ROMs in beliebiger Weise verändern. Durch einen Programmierfehler wird die Zahl der Zustände nicht erhöht.

- Schaltungen in Bitslice-Technik wie z.B. Ripple-Carry-Addierern. Die Zahl der Eingänge für einen einzelne Slice ist hier gering. Ein vollständiger Funktionstest mit allen möglichen Eingangssymbolen für eine Slice ist häufig möglich. Abb. 2.1.2 zeigt dies am Beispiel des Ripple-Carry-Addierers.

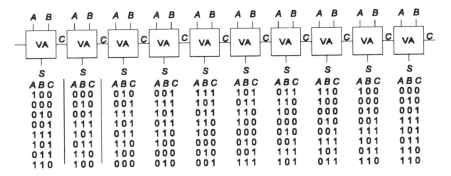

A B C	A B C	A B C	A B C	A B C	A B C	A B C	A B C	A B C	A B C
1 0 0	0 0 0	0 1 0	0 0 1	1 1 1	1 0 1	0 1 1	1 1 0	1 0 0	0 0 0
0 0 0	0 1 0	0 0 1	1 1 1	1 0 1	0 1 1	1 1 0	1 0 0	0 0 0	0 1 0
0 1 0	0 0 1	1 1 1	1 0 1	0 1 1	1 1 0	1 0 0	0 0 0	0 1 0	0 0 1
0 0 1	1 1 1	1 0 1	0 1 1	1 1 0	1 0 0	0 0 0	0 1 0	0 0 1	1 1 1
1 1 1	1 0 1	0 1 1	1 1 0	1 0 0	0 0 0	0 1 0	0 0 1	1 1 1	1 0 1
1 0 1	0 1 1	1 1 0	1 0 0	0 0 0	0 1 0	0 0 1	1 1 1	1 0 1	0 1 1
0 1 1	1 1 0	1 0 0	0 0 0	0 1 0	0 0 1	1 1 1	1 0 1	0 1 1	1 1 0
1 1 0	1 0 0	0 0 0	0 1 0	0 0 1	1 1 1	1 0 1	0 1 1	1 1 0	1 1 0

Abb. 2.1.2:   Vollständiger Funktionstest einer Ripple-Carry-Addiererzelle

Es werden alle möglichen Kombinationen von Eingangsmustern an der betrachteten Zelle angelegt. Ein Funktionsfehler ist entweder direkt am Summenausgang der Zelle beobachtbar oder im Falles eines Fehler am Carry-Ausgang über den Summenausgang der folgenden Zelle.

2.2   Haftfehlermodell

Beim Haftfehlermodell nimmt man an, daß physikalische Defekte sich dergestalt auf das Verhalten eines Gatters auswirken, als wäre einem Eingang oder Ausgang permanent ein fester logischer Wert zugewiesen. Das entsprechende Signal *haftet* an dem angenommenen Fehlerwert.

Das Modell ist nicht uneingeschränkt für beliebige Schaltungstechniken gültig. Die Gültigkeit ist vor seiner Anwendung stets zu prüfen.

2.2.1   Haftfehler in Bipolarschaltungen

Die Gültigkeit des Haftfehlermodells soll an zwei repräsentativen Grundschaltungen beispielhaft geprüft werden. Als physikalische Defekte werden Kurzschlüsse zwischen Leitungen und Unterbrechungen betrachtet.

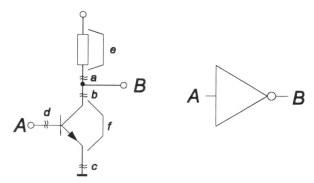

Abb. 2.2.1.1:   Defekte in Bipolar-Invertern

Es werden vier Unterbrechungen und zwei Kurzschlüsse untersucht.

-       Unterbrechung a:

        Infolge der Unterbrechung a kann der Ausgang B nie einen hohen Spannungspegel erreichen. Der Ausgang haftet auf "0".

-       Unterbrechung b:

        Der Ausgang B ist über den Lastwiderstand immer mit der Versorgungsspannung verbunden. Er haftet auf "1".

-       Unterbrechung c:

        Der Ausgang B kann über die Kollektor-Emitter-Strecke des Transistors nie mit Masse verbunden werden. Ein niedriger Pegel bei Eingang A hat ebenfalls keinen Einfluß auf den Ausgang, da die Kollektor-Basis-Diode dann in Sperrichtung gepolt ist. Der Ausgang haftet also auf "1".

-       Unterbrechung d:

        Der Transistor kann nicht in leitenden Zustand gesteuert werden. Der Ausgang B haftet auf "1".

-       Kurzschluß e:

        Der Ausgang ist immer mit der Versorgungsspannung verbunden. Er haftet auf "1".

-       Kurzschluß f:

        Der Ausgang ist immer mit dem Massepotential verbunden. Er haftet auf "0".

Tabelle 2.2.1.1:   Verhalten des Inverters gemäß Abb. 2.2.1.1 bei Vorliegen der betrachteten physikalischen Defekte

A	B	B_a	B_b	B_c	B_d	B_e	B_f
0	1	0	1	1	1	1	0
1	0	0	1	1	1	1	0

Tabelle 2.2.1.1 faßt die Ergebnisse zusammen. Alle betrachteten physikalischen Defekte können in ihrer logischen Auswirkung durch zwei Haftfehler, B-ständig-auf-0 (B-s-a-0) oder B-ständig-auf-1 (B-s-a-1) beschrieben werden. Durch die Verwendung des Haftfehlermodells wird im vorliegenden Fall die Zahl der zu betrachtenden Fehler nicht nur auf ein Drittel reduziert, sondern auch eine Modellierung auf einer höheren Beschreibungsebene (Gatterebene statt elektrisches Netzwerk) erreicht. Die Fehler b,c,d und e können hier jedoch nicht mehr unterschieden werden.

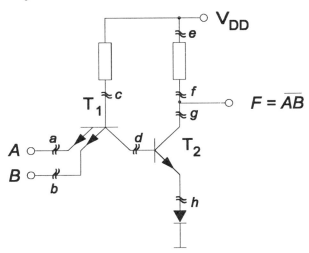

Abb. 2.2.1.2:   Fehler in Bipolar-Und-Gattern

Abb. 2.2.1.2 zeigt ein NAND-Gatter mit zwei Eingängen. Anders als beim Inverter erfolgt hier die Ansteuerung von den Emittern des Eingangstransistors aus. In diesem Fall sollen nur Unterbrechungen als physikalische Defekte betrachtet werden.

-    Unterbrechung a:
     Bei Anliegen der Eingangswerte $A=0$ und $B=1$ kann der über den Widerstand in die Basis von T_1 fließende Strom nicht über die Basis-Emitterdiode nach A abfließen.. Er fließt statt dessen über die Basis-Kollektordiode in die Basis von T_2 und steuert diesen Transistor in den leitenden Zustand. Der Ausgang F wird "0" statt "1".

-    Unterbrechung b:
     Es gilt für die Eingangswerte $A=1$ und $B=0$ das entsprechende wie bei Unterbrechung a.

-    Unterbrechung c:
     Es fließt niemals ein Strom in die Basis von T_2. Der Ausgang hat immer den Wert

$F=1$.

- Unterbrechung d:

  Siehe c.

- Unterbrechung e und f:

  Auch bei sperrendem Transistor T_2 kann der Ausgang nie über den Lastwiderstand aufgeladen werden. F hat folglich immer den Wert "1".

- Unterbrechung g:

  Der Transistor T_2 kann auch im leitenden Zustand den Ausgang nie auf ein niedriges Potential zwingen. Eine Entladung des Ausgangsknotens F über T_1 und die Kollektor-Basisdiode von T_2 ist ebenfalls nicht möglich.

- Unterbrechung h:

  Der Ausgang ist über den Lastwiderstand permanent mit der Versorgungs-spannung verbunden. F haftet folglich auf "1".

Tabelle 2.2.1.2 gibt das Verhalten des Gatters für die betrachteten Fehlerfälle wieder. In der letzten Reihe sind Haftfehler angegeben, welche dem angeführten Fehlverhalten entsprechen. Alle Fehlverhaltensweisen können mit Hilfe des Haftfehlermodels beschrieben werden. Für die Fehler F_a und F_b ist es erforderlich Haftfehler an den Eingängen A bzw. B anzunehmen. Die Annahme eines Haftfehlers am Eingang eines Gatters bedeutet, daß das entsprechende Gatter sich so verhält, als würde das entsprechende Eingangssignal an dem betreffenden Fehlerwert haften.

Tabelle 2.2.1.3: Verhalten des NAND-Gatters gemäß Abb. 1.2.1.2 bei Vorliegen der betrachteten physikalischen Defekte

A	B	F	F_a	F_b	F_c	F_d	F_e	F_f	F_g	F_h
0	0	1	1	1	1	1	0	0	1	1
0	1	1	0	1	1	1	0	0	1	1
1	0	1	1	0	1	1	0	0	1	1
1	1	0	0	0	1	1	0	0	1	1

Fehlermodell			A-s-a-1	B-s-a-1	F-s-a-1		F-s-a-0		F-s-a-1	
							A-s-a-0			
							B-s-a-0			

Eine Rückwirkung auf vom gleichen Signal gesteuerte Eingänge anderer Gatter erfolgt wie an den Unterbrechungen a und b erkenntlich nicht. Haftfehler an Gattereingängen sind daher rückwirkungsfrei anzunehmen und können nicht immer mit einem Haftfehler am vorangegangenen Gatter gleichgesetzt werden. Abb. 2.2.1.4 verdeutlicht dies.

Der Fehler *U*-s-a-1 impliziert in einem Netz nicht automatisch den Fehler *V*-s-a-1.

Abb. 2.2.1.4:   Rückwirkungsfreiheit von Haftfehlern an Gattereingängen

2.2.2   Haftfehler in MOS-Schaltungen

Es werden vorerst nur NMOS-Schaltkreise betrachtet. Bei CMOS-Schaltungstechnik treten spezielle Fehlertypen auf, die später behandelt werden. Die NMOS-Schaltungstechnik war bis ca. 1985 bei Siliziumschaltungen vorherrschend. Heute findet man diese Technik überwiegend bei GaAs-Schaltkreisen.

NMOS-Schaltkreise zeichnen sich durch eine Struktur aus, welche gekennzeichnet ist durch einen selbstleitenden Transistor von der Versorgungsspannung zum Ausgang sowie ein Transistornetzwerk, welches den Ausgang mit der Masseleitung verbindet, wenn das Ausgangssignal den Wert "0" haben soll. Andernfalls ist der Wert "1". Die Transistoren des Netzwerks werden durch einen hohen Spannungspegel, welcher den Signalwert "1" repräsentiert in den leitenden Zustand geschaltet. Gegebenenfalls folgt noch eine Inverterstufe. Abb. 2.2.2.1 zeigt dies am Beispiel eines Komplexgatters mit der Schaltfunktion $F = \overline{(A \lor B) \land (C \lor D)}$.

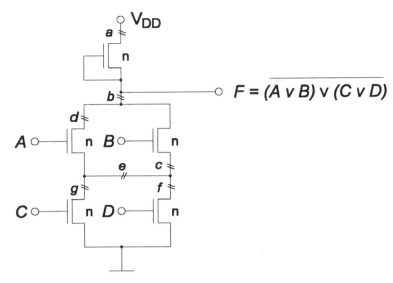

Abb. 2.2.2.1:   Fehler in NMOS-Komplex-Gattern

Mit Ausnahme des Defekts *e* können alle Unterbrechungen als Haftfehler beschrieben werden. Tabelle 2.2.2.1 nennt die entsprechenden Haftfehler und die resultierenden Fehlfunktionen.

Tabelle 2.2.2.1:   Haftfehler in einem NMOS-Komplex-Gatter gemäß Abb. 1.2.2.1 und zugehörige Fehlfunktionen

Defekt	Fehler	Fehlfunktion
a	F-s-a-0	$F_a = 0$
b	F-s-a-1	$F_b = 1$
c	B-s-a-0	$F_C = \overline{(A \vee 0) \wedge (C \vee D)} = \overline{A \wedge (C \vee D)}$
d	A-s-a-0	$F_C = \overline{(0 \vee B) \wedge (C \vee D)} = \overline{B \wedge (C \vee D)}$
e	kein Haftfehler	$F_C = \overline{(A \wedge B) \vee (C \wedge D)}$
f	D-s-a-0	$F_C = \overline{(A \vee B) \wedge (C \vee 0)} = \overline{C \wedge (A \vee B)}$
g	C-s-a-0	$F_C = \overline{(A \vee B) \wedge (0 \vee D}} = \overline{D \wedge (A \vee B)}$

Man beachte, daß durch die Unterbrechung *e* die Funktion der Schaltung in einer Weise verändert wird, die nicht mehr durch einen Haftfehler beschrieben werden kann. Das Auftreten eines derartigen Fehlers kann jedoch durch entsprechenden Maßnahmen beim Entwurf verhindert werden.

2.2.3   Fehleräquivalenz und Fehlerdominanz bei Haftfehlern

Bei den vorangegangenen Betrachtungen zu Fehlermodellen wurde bereits festgestellt, daß sich vielfach mehrere physikalische Defekte durch einen gemeinsamen logischen Fehler modellieren lassen. Hinsichtlich ihrer Auswirkung auf das Verhalten der Schaltung sind diese Defekte daher äquivalent. Diese Betrachtungen werden im folgenden erweitert. Die Überlegungen sollen zunächst am Beispiel eines 2-fach UND-Gatters verdeutlicht werden.

Abb. 2.2.3.1:   2-fach UND-Gatter

Das Fehlverhalten bei Vorliegen von Haftfehlern an den Eingängen und am Ausgang ist in Tabelle 2.2.3.1 aufgelistet.

Tabelle 2.2.3.1:   Fehlverhalten des UND-Gatters bei Vorliegen von Haftfehlern

A	B	F	A-s-a-0	A-s-a-1	B-s-a-0	B-s-a-1	F-s-a-0	F-s-a-1
					Fehlverhalten			
0	0	0	0	0	0	0	0	1
0	1	0	0	1	0	0	0	1
1	0	0	0	0	0	1	0	1
1	1	1	0	1	0	1	0	1

Man beobachtet, daß alle s-a-0-Fehler zum gleichen Fehlverhalten führen. Sie sind daher äquivalent.

Unter *Fehleräquivalenz* versteht man:

> Fehler, welche das gleiche Fehlverhalten verursachen heißen äquivalent. Die Fehler, bilden eine Äquivalenzklasse. Ein Test, der einen Fehler einer Äquivalenzklasse erkennt, erkennt alle Fehler dieser Äquivalenzklasse. Äquivalente Fehler können durch ein Meßexperiment nicht unterschieden werden.

Es wird ferner beobachtet:

> Jeder Test, der den Fehler A-s-a-1 oder B-s-a-1 erkennt, erkennt auch den Fehler F-s-a-1. Das Erkennen des Fehlers F-s-a-1 ist somit eine notwendige Voraussetzung für das Erkennen der s-a-1-Fehler an den Eingängen des Gatters. Man sagt, der Fehler F-s-a-1 dominiere die Fehler A-s-a-1 und B-s-a-1.

Unter *Fehlerdominanz* versteht man:

> Fehler a dominiert Fehler b genau dann, wenn jeder Test, der Fehler b erkennt, auch Fehler a erkennt.

Wendet man die Definitionen von Fehlerdominanz und Fehleräquivalent auf logische Grundgatter an, ergibt sich:

-   Inverter:
    Ein s-a-1(0) Fehler am Ausgang ist äquivalent zum s-a-0(1) Fehler am Eingang des Inverters.
-   UND-Gatter:
    Alle s-a-0-Fehler an den Eingängen und am Ausgang sind äquivalent.
    Der s-a-1-Fehler am Ausgang des UND-Gatters dominiert alle s-a-1-Fehler an den Eingängen des Gatters.
-   ODER-Gatter:
    Alle s-a-1-Fehler an den Eingängen und am Ausgang sind äquivalent.
    Der s-a-0-Fehler am Ausgang des ODER-Gatters dominiert alle s-a-0-Fehler an den Eingängen des Gatters.

Hieraus folgt:

> An einem Grundgatter mit n Eingängen müssen nur $n+1$ Haftfehler untersucht werden.

2.3   CMOS-Unterbrechungsfehler

Bei CMOS-Gatter treten Fehler auf, welche nicht durch das Haftfehlermodell beschrieben werden können. Den prinzipiellen Aufbau eines Gatters in CMOS-Technik verdeutlicht Abb.2.3.1.

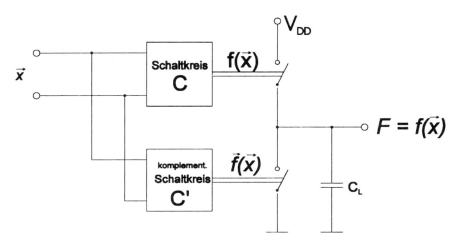

Abb. 2.3.1:   Prinzipieller Aufbau von Gattern in CMOS-Schaltungstechnik

Das Gatter besteht aus zwei Schaltkreisen C und C', welche in Abhängigkeit vom Eingangsvektor $\vec{x}$ entweder eine leitenden Verbindung von der Versorgungsspannung V_{DD} oder der Masse zum Ausgang F des Gatters herstellen und damit den Kondensator C_L aufladen oder entladen. Bei einem fehlerfreien Betrieb ist immer genau eine Verbindung vom Ausgang zur Masse oder zur Versorgungsspannung V_{DD} vorhanden. Durch Defekte in den Schaltkreisen C und C' ist es möglich, das diese Verbindung unterbrochen wird. Der Kondensator hält dann die gespeicherte Ladung und damit den zuvor eingeprägten Spannungspegel. Abb. 2.3.2 verdeutlicht dies am Beispiel eines invertierenden UND-Gatters mit zwei Eingängen.

Der Defekt a, eine Unterbrechung des Pfades vom Gatterausgang zur Versorgungsmasse, bewirkt, daß der Kondensator am Gatterausgang nie entladen werden kann. Der Defekt kann daher durch einen Haftfehler F-s-a-1 logisch beschrieben werden.

Eine Unterbrechung vom Typ b bewirkt umgekehrt, daß der Kondensator nie geladen werden kann. Das Fehlverhalten des Gatters wird folglich durch einen Haftfehler F-s-a-0 beschrieben.

Die Fehler c und d dagegen haben zur Folge, daß nur bei bestimmten Kombinationen von Eingangssignalen A und B der Kondensator nicht geladen aber auch nicht entladen wird. Es besteht weder eine leitende Verbindung zur Masse noch zur Versorgungsspannung. Die auf dem Kondensator gespeicherte Ladung bleibt erhalten. Der Gatterausgang verbleibt im vorherigen Zustand.

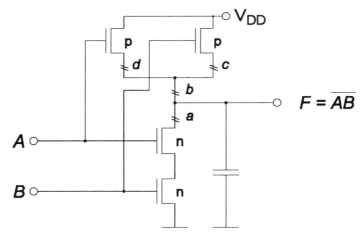

Abb.2.3.2:   Invertierendes 2-fach UND-Gattern in CMOS-Schaltungstechnik

Tabelle 2.3.1 gibt eine Übersicht über die Fehlverhaltensweisen des Gatters bei Vorliegen der betrachteten Unterbrechungen.

Tabelle 2.3.1:   Logisches Fehlverhalten eines CMOS-NAND-Gatters mit 2 Eingängen und internen Leitungsunterbrechung

A	B	F	F_a	F_b	F_c	F_d
0	0	1	1	0	1	1
0	1	1	1	0	*	1
1	0	1	1	0	1	*
1	1	0	1	0	0	0
			F-s-a-1	F-s-a-0	*: vorheriger Zustand	

Wadsack /WAD78/ hat ein Verfahren vorgeschlagen, welches es erlaubt, Defekte in CMOS-Gattern, die zu dem oben erwähnten Fehlverhalten führen, dennoch mit Hilfe von

Haftfehlern zu modellieren und sie damit einer Behandlung durch Standardsimulationswerkzeuge zugänglich zu machen. Das Gatter wird durch einen komplexeren Automaten ersetzt, welcher bei Vorliegen eines Haftfehlers sich verhält wie das betrachtete Gatter mit der Leitungsunterbrechung. Abb. 2.3.3 zeigt das Modell für das obige 2-fach NAND-Gatter.

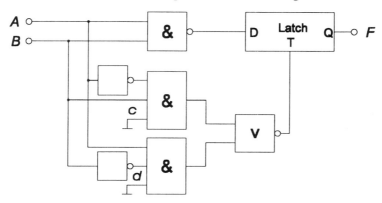

Abb. 2.3.3:   Fehlermodell nach Wadsack /WAD78/ für ein 2-fach CMOS-NAND-Gatter.

Ein s-a-1 Fehler an den Eingängen c oder d der 3-fach UND-Gatter führt zu dem gleichen Fehlverhalten, wie die entsprechende Leitungsunterbrechung im ursprünglichen Gatter.

Im fehlerfreien Fall gilt:

$$F = \overline{A \wedge B} \tag{2.3.1}$$

Durch den Defekt c wird daraus:

$$F = \overline{A} \vee B \wedge F(t-1) \tag{2.3.2}$$

Dies hat Auswirkung auf die Eignung von Identifikationsexperimenten zur Erkennung von Fehlern in CMOS-Gattern. Ein aus allen möglichen Binärzahlen $(A,B)=(0,0),(0,1),(1,0),(1,1)$ bestehendes Experiment ist geeignet jede kombinatorische Schaltung mit 2 Eingängen aus der Menge aller möglichen kombinatorischen Schaltungen mit 2 Eingängen zu identifizieren. Tabelle 2.3.2 gibt die Ergebnisse der Testexperimente für die fehlerfreie und die fehlerbehaftete Schaltung mit der Unterbrechung c an.

Tabelle 2.3.2:   Ergebnis eines Identifikationsexperiments für kombinatorische Schaltungen mit zwei Eingängen, angewendet auf das Gatter gemäß Abb. 2.3.2 mit Unterbrechungsfehler c

	A	B	F	F_c
1.	0	0	1	1
2.	0	1	1	*1*
3.	1	0	1	1
4.	1	1	0	0

Die fehlerfreie und die defekte Schaltung liefern das gleiche Testergebnis, wenngleich das Experiment derart gestaltet ist, daß es alle kombinatorischen Schaltungen mit zwei Eingängen unterscheiden kann.

Ein Test, welcher den Defekt c beobachtbar macht, existiert jedoch. Tabelle 2.3.3 gibt diesen Test und die Testergebnisse für den betrachten Fehler an.

Tabelle 2.3.3:   Fehlererkennender Test für das CMOS-Gatter gemäß Abb. 2.3.2 mit Unterbrechungsfehler c

	A	B	F	F_c
1.	0	0	1	1
2.	1	1	0	0
3.	1	0	1	*0*
4.	0	1	1	1

Resümee:

1.   Es existiert für eine kombinatorische Schaltung ein Test, welcher die Schaltung eindeutig von allen mögliche kombinatorischen Schaltungen mit gleichem Eingangsalphabet unterscheidet.

2.   Es kann immer ein Automat konstruiert werden, welcher auf den Test in der gleichen Weise reagiert, also durch den Test nicht von der gegebenen kombinatorischen Schaltung unterschieden werden kann, welcher jedoch durch einen anderen Test sehr wohl von der gegebenen Schaltung unterschieden werden kann.

Eine Verallgemeinerung dieses Satze auf endliche Automaten findet sich in /BOO67/ (vergl. Kap. 1.2.3).

> Schaltungsfehler, welche die Zahl der Zustände über eine Berücksichtigungsgrenze hinaus erhöhen, werden bestenfalls zufällig erkannt.

Das Identifikationsproblem ist nur lösbar, wenn der Umfang der Klasse, innerhalb welcher die Schaltung identifiziert werden soll, bzw. die maximale Zahl der Zustände durch konstruktive Maßnahmen beim Entwurf auf eine endliche Größe beschränkt wird. Problematisch erweisen sich in diesem Zusammenhang z.B. programmierte Steuerungen, welche bei einer konkreten Anwendung weniger Zustände aufweisen als das zugrundeliegende Steuerwerk.

2.4   Verzögerungsfehler

Folgende Ursachen für Verzögerungsfehler sind bekannt:

- Erhöhte Leitbahnwiderstände,
- Falsche Diffusion in Bereich der Transistoren und
- Leitungsunterbrechungen.

Am Beispiel eines defekten Gatters in CMOS-Technik soll zunächst gezeigt werden, wie sich eine Leitungsunterbrechung auf das Zeitverhalten des Gatters ausübt. Abb. 2.4.1 zeigt ein UND-Gatter mit einer Unterbrechung im Bereich der Ausgangstreiberstufe.

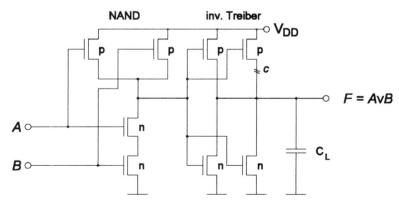

Abb. 2.4.1:   CMOS UND-Gatter mit Leitungsunterbrechung c und asymmetrischem Verzögerungsfehler

Die Unterbrechung c bewirkt, daß bei einem Signalwechsel 0->1 des Ausgangs die Lastkapazität C_L der angeschlossenen Leitung nur über einen der beiden p-Kanaltransistoren der Treiberstufe und damit nur mit dem halben nominalen Strom aufgeladen werden kann. Die Entscheidungsschwelle nachfolgender Gatter, oberhalb welcher der Spannungspegel des defekten Gatters als "1" interpretiert wird, wird erst mit einer zusätzlichen Verzögerung Δt erreicht (Abb. 2.4.2).

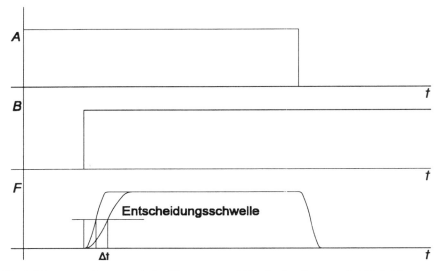

Abb. 2.4.2:   Asymmetrischer Verzögerungsfehler für das Gatter nach Abb.2.4.1

Der Defekt wirkt sich hier nur auf die steigende Flanke des Signal aus. Die Entladung des Kondenstors erfolgt wie im fehlerfreien Fall über die zwei n-Kanaltransistoren der Treiberstufe des Gatters. Es handelt sich somit um einen asymmetrischen Verzögerungsfehler. Hinsichtlich Verzögerungsfehlern in differentiellen ECL-Bipolar-Schaltungen sei auf /JORC95/ verwiesen.

3 Testmusterberechnung

Den Ausführungen zum Thema Testmusterberechnung liegt das folgende Modell über die Vorgehensweise beim Test zugrunde.

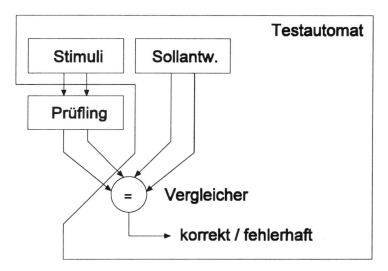

Abb. 3.1: Modell der Testdurchführung

3.1 Testmusterberechnung für kombinatorische Schaltungen

Nachdem bisher die Auswirkungen physikalischer Defekte auf das logische Verhalten digitaler Grundschaltungen erörtert wurden, soll jetzt die Frage beantwortet werden, wie sich logische Fehler im Verhalten komplexer logischer Netzwerke bemerkbar machen. Ziel der Testmusterberechnung ist es aufbauen auf einer exakten Formulierung des

Fehlverhaltens Testmuster für die Schaltungseingänge zu finden, welche es erlauben durch Beobachtung der Schaltungsausgänge die fehlerfreie von einer fehlerbehafteten Schaltung zu unterscheiden.

3.1.1   Boolesche Differenzen und Schaltungstest

Gegeben sei eines Schaltung C mit der Funktion $f(\vec{x}) = f(x_1, x_2, \dots, x_n)$ und eine fehlerbehaftete Schaltung C^{α} mit der Funktion $f^{\alpha}(\vec{x}) = f^{\alpha}(x_1, x_2, \dots, x_n)$

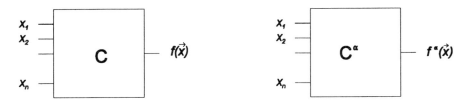

Abb. 3.1.1.1:   Fehlerfreie Schaltung C und fehlerbehaftete Schaltung C^{α}

Gesucht ist ein Eingangsmuster $\vec{x} = \vec{u} = (u_1, u_2, \dots, u_n)$, $u \in \{0,1\}$, mit der Eigenschaft

$$f(\vec{x}) \neq f^{\alpha}(\vec{x}) \qquad (3.1.1.1)$$

d.h.

$$f(\vec{x}) \oplus f^{\alpha}(\vec{x}) = 1 \qquad (3.1.1.2)$$

Dies ist die allgemeinste Formulierung des Testproblems für kombinatorische Schaltungen. Es sollen jetzt Haftfehler an den Eingängen einer Schaltung betrachtet werden.

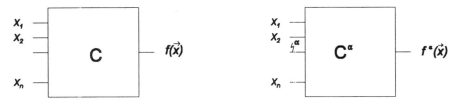

Abb. 3.1.1.2:   Fehlerfreie Schaltung C und fehlerbehaftete Schaltung C^{α} mit Haftfehler x_i-s-a-α

Testbarkeitsbedingung:

$$f(\vec{x}) \oplus f^{\alpha}(\vec{x}) = 1$$

$$f(x_1, x_2, \ldots, x_1, \ldots, x_n) \oplus f(x_1, x_2, \ldots, \alpha, \ldots, x_n) = 1 \qquad (3.1.1.3)$$

Die Funktionen $f(\vec{x})$ und $f^{\alpha}(\vec{x})$ werden hinsichtlich der Variablen x_i bzw. α nach Shannon zerlegt, d.h.:

$$f(x_1, x_2, \ldots, x_i, \ldots, x_n) = x_i \cdot f(x_1, x_2, \ldots, 1, \ldots, x_n) \vee \overline{x_i} \cdot f(x_1, x_2, \ldots, 0, \ldots, x_n)$$
$$= x_i \cdot f(x_1, x_2, \ldots, 1, \ldots, x_n) \oplus \overline{x_i} \cdot f(x_1, x_2, \ldots, 0, \ldots, x_n) \qquad (3.1.1.4)$$

Daraus folgt:

$$x_i \cdot f(x_1, x_2, \ldots, 1, \ldots, x_n) \oplus \overline{x_i} \cdot f(x_1, x_2, \ldots, 0, \ldots, x_n)$$
$$\oplus \alpha \cdot f(x_1, x_2, \ldots, 1, \ldots, x_n) \oplus \overline{\alpha} \cdot f(x_1, x_2, \ldots, 0, \ldots, x_n) = 1$$

$$(x_i \oplus \alpha) \cdot f(x_1, x_2, \ldots, 1, \ldots, x_n) \oplus (\overline{x_i \oplus \alpha}) \cdot f(x_1, x_2, \ldots, 0, \ldots, x_n) = 1$$

$$(x_1 \oplus \alpha) \cdot (f(x_1, x_2, \ldots, 1, \ldots, x_n) \oplus f(x_1, x_2, \ldots, 0, \ldots, x_n)) = 1 \qquad (3.1.1.5)$$

$$(x_i \oplus \alpha) \cdot \frac{df(\vec{x})}{dx_1} = 1 \qquad (3.1.1.6)$$

Dies ist die Testbarkeitsbedingung für Haftfehler an einem Eingang x_i einer kombinatorischen Schaltung /SEL68/.

Es sollen jetzt kombinatorische Schaltungen mit internen Haftfehlern betrachtet werden. Abb. 3.1.1.3 zeigt wieder eine fehlerfreie Schaltung C und eine fehlerbehaftete Schaltung C^{α}. Das interne Signal $h(\vec{x})$ weise den Fehler h-s-a-α auf.

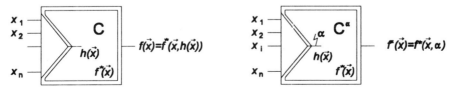

Abb. 3.1.1.3:   Fehlerfreier Schaltkreis C und fehlerhafter Schaltkreis C^{α} mit internem Fehler h-s-α

Der Schaltkreis bestehe aus einem Teilschaltkreis mit Ausgang $h(\vec{x})$ und dem Rest der Schaltung $f^*(\vec{x})$ derart, daß gilt:

$$f(\vec{x}) = f^*(\vec{x}, h(\vec{x})) \qquad (3.1.1.7)$$

Aufgrund des Fehlers h-s-a-α ergibt sich für den fehlerhaften Schaltkreis folgende Funktion:

$$f^\alpha(\vec{x}) = f^*(\vec{x}, \alpha) \qquad (3.1.1.8)$$

Die Testbarkeitsbedingung lautet wieder:

$$f(\vec{x}) \oplus f^\alpha(\vec{x}) = 1$$
$$f^*(\vec{x}, h(\vec{x})) \oplus f^*(\vec{x}, \alpha) = 1 \qquad (3.1.1.9)$$

Die Funktion f^* wird wieder hinichtlich $h(\vec{x})$ bzw. α gemäß der Shannonschen Regel zerlegt. Nach kurzer Zwischenrechnung ergibt sich dann:

$$(h(\vec{x}) \oplus \alpha) \cdot \frac{df^*(\vec{x}, h)}{dh} = 1 \qquad (3.1.1.10)$$

Dies ist die allgemeine Testbarkeitsbedingung für Haftfehler in kombinatorischen Schaltungen mit einem Ausgang.

Es sollen jetzt Schaltungen mit mehreren Ausgängen betrachtet werden. Es wird wieder ein interner Haftfehler h-s-a-α angenommen. Die Schaltung besteht aus einem Teilschaltkreis mit Ausgang $h(\vec{x})$ und dem Rest $f^*(\vec{x}, h)$ (Abb. 3.1.1.4).

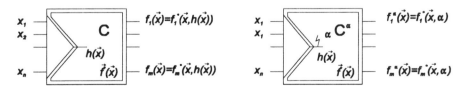

Abb. 3.1.1.4:   Fehlerfreier Schaltkreis C mit mehreren Ausgängen und fehlerhafter Schaltkreis C^α mit internem Fehler h-s-α

Ein Fehler wird erkannt durch ein Testmuster $\vec{x}=\vec{u}$, wenn an einem oder mehreren

Ausgängen für das betrachtete Testmuster die Sollfunktion sich von der fehlerhaften Funktion unterscheidet, das heißt, wenn gilt:

$$\vec{f}(\vec{x}) \neq \vec{f}^{\alpha}(x) \tag{3.1.1.11}$$

Mit $\vec{f}^{*}(\vec{x},h) = (f^{*}_{1}(\vec{x},h), f^{*}_{2}(\vec{x},h), \dots f^{*}_{m}(\vec{x},h))$ folgt als Testbarkeitsbedingung:

$$\bigvee_{i=1}^{m} (h(\vec{x}) \oplus \alpha) \cdot \frac{df_{i}(\vec{x},h)}{dh} = 1$$

$$(h(\vec{x}) \oplus \alpha) \cdot \bigvee_{i=1}^{m} \frac{df_{i}(\vec{x},h)}{dh} = 1 \tag{3.1.1.12}$$

Der erste Teil der Gleichung,

$$h(\vec{x}) \oplus \alpha = 1 \tag{3.1.1.13}$$

, wird auch als Steuerbarkeitsbedingung bezeichnet. Ist dieser Teil erfüllt, dann ist gewährleistet, daß am Fehlerort im Fehlerfall und im fehlerfreien Fall unterschiedliche Signale vorliegen. Der zweite Teil der Gleichung

$$\bigvee_{i=1}^{m} \frac{df^{*}_{i}(\vec{x},h)}{dh} = 1 \tag{3.1.1.14}$$

wird als Beobachtbarkeitsbedingung bezeichnet. Der Term gewährleistet, daß der Unterschied der Signalwerte für h im fehlerfreien und fehlerbehafteten Fall an mindestens einen Ausgang $f_{i}(\vec{x})$ beobachtbar ist.

Die obigen Überlegungen zur Analyse von Fehlern mittels Boolescher Differenzen lassen sich auf Funktionsfehler von Zellen verallgemeinern. Die Schaltung bestehe hierzu aus vielen verschiedenen Zellen, welche hinreichend klein sind, damit das Funktionsfehlermodell anwendbar ist. Es wird wieder angenommen, daß die Zelle, welche das Signal $h(\vec{x})$ liefert, fehlerhaft ist. Infolge des Funktionsfehlers werde aus $h(\vec{x})$ das Signal $h^{\alpha}(\vec{x})$ (Abb.3.1.1.5). Ohne Verlust der Allgemeinheit werde angenommen, daß der Schaltkreis nur einen Ausgang $f(\vec{x})$ habe.

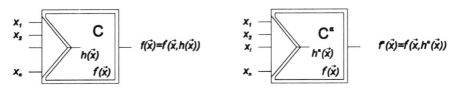

Abb. 3.1.1.5:   Fehlerfreier Schaltkreis C und fehlerhafter Schaltkreis C^α mit internem Funktionsfehler $h(\vec{x}) \rightarrow h^\alpha(\vec{x})$

Zur Berechnung der den Fehler erkennenden Eingangsmuster $\vec{x}$ wird wieder von der allgemeinen Testbarkeitsbedingung ausgegangen:

$$f(\vec{x}) \oplus f^\alpha(\vec{x}) = 1 \tag{3.1.1.15}$$

Mit

$$f(\vec{x}) = f^*(\vec{x}, h(\vec{x})) \qquad \text{und} \qquad f^\alpha(\vec{x}) = f^*(\vec{x}, h^\alpha(\vec{x}))$$

folgen:

$$f^*(\vec{x}, h(\vec{x})) \oplus f^*(\vec{x}, h^\alpha(\vec{x})) = 1$$

$$f^*(\vec{x},1) \cdot h(\vec{x}) \oplus f^*(\vec{x},0) \cdot \overline{h}(\vec{x}) \oplus f^*(\vec{x},1) \cdot h^\alpha(\vec{x}) \oplus f^*(\vec{x},0) \cdot \overline{h^\alpha}(\vec{x}) = 1$$

$$(h(\vec{x}) \oplus h^\alpha(\vec{x}) \cdot f^*(\vec{x},1) \oplus (\overline{h}(\vec{x}) \oplus \overline{h^\alpha}(\vec{x}) \cdot f^*(\vec{x},0) = 1$$

$$(h(\vec{x}) \oplus h^\alpha(\vec{x})) \cdot f^*(\vec{x},1) \oplus (h(\vec{x}) \oplus 1 \oplus h^\alpha(\vec{x}) \oplus 1) \cdot f^*(\vec{x},0) = 1$$

$$(h(\vec{x}) \oplus h^\alpha(\vec{x})) \cdot (f^*(\vec{x},1) \oplus f^*(\vec{x},0)) = 1$$

$$(h(\vec{x}) \oplus h^\alpha(\vec{x}) \cdot \frac{df^*(\vec{x},h)}{dh} = 1 \tag{3.1.1.15}$$

Die Funktion

$$h^e(\vec{x}) = h(\vec{x}) \oplus h^\alpha(\vec{x}) \tag{3.1.1.16}$$

wird auch als Fehlerfunktion des Signals h bezeichnet. Für das in Abb. 1.2.2.1 dargestellte Komplexgatter in NMOS-Schaltungstechnik mit Unterbrechungsfehler e lautet die Fehlerfunktion:

$$F^e = F(A,B,C,D) \oplus F^\alpha(A,B,C,D) = F(A,B,C,D) \oplus F_e(A,B,C,D)$$

$$= \overline{(A \lor B)\cdot(C \lor D)} \oplus \overline{AC} \lor \overline{CD}$$

$$= A\overline{B}\overline{C}D \lor \overline{A}BC\overline{D} \tag{3.1.1.17}$$

3.1.1.1 Boolesche Differenz der inversen Schaltfunktion

Betrachtet werden ein Schaltkreis C mit der Schaltfunktion $f(\vec{x})$ und ein Schaltkreis C' mit der Schaltfunktion $g(\vec{x}) = \overline{f}(\vec{x})$ gemäß Abb.3.1.1.1.1.

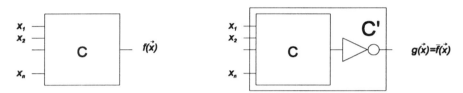

Abb. 3.1.1.1.1:   Schaltkreis C und Schaltkreis C' mit inverser Schaltfunktion

Die Boolesche Differenz von $f(\vec{x})$ bezüglich der Variablen x_i sei:

$$\frac{df(\vec{x})}{dx_i} = f(x_1, \ldots ,0, \ldots ,x_n) \oplus f(x_1, \ldots ,1, \ldots ,x_n) \tag{3.1.1.1.1}$$

Für die Funktion $g(\vec{x}) = \overline{f}(\vec{x})$ erhält man dann:

$$\frac{dg(\vec{x})}{dx_i} = g(x_1, \ldots ,0, \ldots ,x_n) \oplus g(x_1, \ldots ,1, \ldots ,x_n)$$

$$= \overline{f}(x_1, \ldots ,0, \ldots ,x_n) \oplus \overline{f}(x_1, \ldots ,1, \ldots ,x_n)$$

$$= f(x_1, \ldots ,0, \ldots ,x_n)\oplus1 \oplus f(x_1, \ldots ,1, \ldots ,x_n)\oplus1$$

$$= f(x_1, \ldots ,0, \ldots x_n) \oplus f(x_1, \ldots ,1, \ldots x_n) \tag{3.1.1.1.2}$$

Die Boolesche Differenz der inversen Schaltfunktion $g(\vec{x})$ ist damit gleich der Booleschen Differenz der nicht invertierten Schaltfunktion $f(\vec{x})$.

3.1.1.2 Boolesche Differenz konjunktiv verknüpfter Schaltfunktionen

Betrachtet werden ein Schaltkreis C mit der Schaltfunktion $f(\vec{x}) = g(\vec{x}) \cdot h(\vec{x})$ gemäß Abb. 3.1.1.2.1.

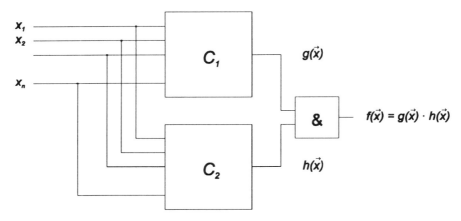

Abb. 3.1.1.2.1:   Schaltkreis mit konjunktiv verknüpften Schaltfunktionen $g(\vec{x})$ und $h(\vec{x})$

Gesucht ist die Boolesche Differenz von $f(\vec{x})$ bezüglich der Variablen x_i bei bekannten Schaltfunktionen $g(\vec{x})$ und $h(\vec{x})$ sowie bekannten Booleschen Differenzen $\dfrac{dg(\vec{x})}{dx_i}$ und $\dfrac{dh(\vec{x})}{dx_i}$.

Für die Funktion $f(\vec{x}) = g(\vec{x}) \cdot h(\vec{x})$ erhält man:

$$\frac{df(\vec{x})}{dx_i} = f(x_1, \dots ,0, \dots ,x_n) \oplus f(x_1, \dots ,1, \dots ,x_n)$$

$$= g(x_1, \dots ,0, \dots ,x_n) \cdot h(x_1, \dots ,0, \dots ,x_n) \oplus$$
$$g(x_1, \dots ,1, \dots ,x_n) \cdot h(x_1,\dots,1, \dots ,x_n) \qquad (3.1.1.2.1)$$

Es wird folgende Kurzschreibweise vereinbart:

$$g_0 = g(x_1, \dots ,0, \dots x_n) \qquad\qquad g_1 = g(x_1, \dots ,1, \dots x_n)$$
$$h_0 = h(x_1, \dots ,0, \dots x_n) \qquad\qquad h_1 = h(x_1, \dots ,1, \dots x_n)$$

Zur Booleschen Differenz $\dfrac{d(g(\vec{x}) \cdot h(\vec{x}))}{dx_i}$ werden jetzt zweimal die Terme $\overline{x}g_1 h_0$ und $\overline{x}g_0 h_1$

addiert (modulo 2).

$$\frac{d(g \cdot h)}{dx_i} = g_0 h_0 \oplus g_1 h_1 \oplus \overline{x}g_1 h_0 \oplus \overline{x}g_1 h_0 \oplus \overline{x}g_0 h_1 \oplus \overline{x}g_0 h_1$$

$$= g_0 h_0 \oplus g_1 h_1 \oplus \overline{x}g_1 h_0 \oplus (x \oplus 1)g_1 h_0 \oplus \overline{x}g_0 h_1 \oplus (x \oplus 1)g_0 h_1$$

$$= g_0 h_0 \oplus g_1 h_1 \oplus g_1 h_0 \oplus g_0 h_1 \oplus \overline{x}g_1 h_0 \oplus xg_1 h_0 \oplus \overline{x}g_0 h_1 \oplus xg_0 h_1 \quad (3.1.1.2.2)$$

Durch nochmalige zweifache Addition der Terme $xg_1 h_1$ und $\overline{x}g_0 h_0$ erhält man schließlich:

$$\frac{d(g \cdot h)}{dx_i} = (g_0 \oplus g_1) \cdot (h_0 \oplus h_1)$$

$$\oplus\ \overline{x}g_1 h_0 \oplus xg_1 h_1 \oplus xg_1 h_0 \oplus \overline{x}g_0 h_0$$

$$\oplus\ \overline{x}g_0 h_1 \oplus xg_1 h_1 \oplus xg_0 h_1 \oplus \overline{x}g_0 h_0$$

und

$$\frac{d(g \cdot h)}{dx_i} = (g_0 \oplus g_1) \cdot (h_0 \oplus h_1)$$

$$\oplus\ g_1 h \oplus g h_0 \oplus g h_1 \oplus g_0 h$$

$$= \frac{dg}{dx_i} \cdot \frac{dh}{dx_i} \oplus g \cdot \frac{dh}{dx_i} \oplus h \cdot \frac{dg}{dx_i} \qquad (3.1.1.2.2)$$

An dieser Stelle sei auf die Ähnlichkeit zur Produktregel für das Differenzieren reellwertiger Funktionen hingewiesen, welche abgesehen von Term $\dfrac{dg(\vec{x})}{dx_i} \cdot \dfrac{dh(\vec{x})}{dx_i}$ die gleiche Form hat.

3.1.1.3   Boolesche Differenz disjunktiv verknüpfter Schaltfunktionen

Betrachtet werde ein Schaltkreis C mit der Schaltfunktion $f(\vec{x}) = g(\vec{x}) \vee h(\vec{x})$ gemäß Abb. 3.1.1.3.1.

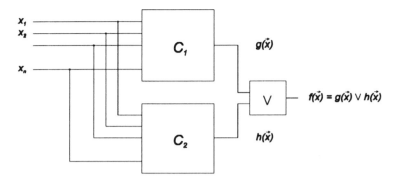

Abb. 3.1.1.3.1:   Schaltkreis mit disjunktiv verknüpften Schaltfunktionen $g(\vec{x})$ und $h(\vec{x})$

Gesucht ist wieder die Boolesche Differenz von $f(\vec{x})$ bezüglich der Variablen x_i bei bekannten Schaltfunktionen $g(\vec{x})$ und $h(\vec{x})$ sowie bekannten Booleschen Differenzen und $\dfrac{dh(\vec{x})}{dx_i}$. Für die Funktion $f(\vec{x}) = g(\vec{x}) \lor h(\vec{x})$ erhält man durch Anwendung der Regeln für invertierte sowie konjunktiv verknüpfte Schaltfunktionen:

$$\frac{df(\vec{x})}{dx_i} = \frac{d(g(\vec{x}) \lor h(\vec{x}))}{dx_i}$$

$$= \frac{d\overline{\overline{g}(\vec{x}) \cdot \overline{h}(\vec{x})}}{dx_i} = \frac{d(\overline{g}(\vec{x}) \cdot \overline{h}(\vec{x}))}{dx_i}$$

$$= \overline{g}(\vec{x}) \cdot \frac{dh(\vec{x})}{dx_i} \oplus \overline{h}(\vec{x}) \cdot \frac{dg(\vec{x})}{dx_i} \oplus \frac{dg(\vec{x})}{dx_i} \cdot \frac{dh(\vec{x})}{dx_i} \qquad (3.1.1.3.1)$$

3.1.1.4   Rechenregeln für Boolesche Differenzen

Tabelle 3.1.1.4.1 faßt die Rechenregeln für Boolesche Differenzen verknüpfter Schaltfunktionen zusammen.

Tabelle 3.1.1.4.1:   Rechenregeln für Boolesche Differenzen

Nr.	Funktion	Boolesche Differenz
1.	Inversion	$\dfrac{d\overline{f(\vec{x})}}{dx_i} = \dfrac{df(\vec{x})}{dx_i}$
2.	inv. Eingang	$\dfrac{df(\vec{x})}{d\overline{x}_i} = \dfrac{df(\vec{x})}{dx_i}$
3.	Konjunktion	$\dfrac{d(f(\vec{x}){\cdot}g(\vec{x}))}{dx_i} = f{\cdot}\dfrac{dg(\vec{x})}{dx_i} \oplus g{\cdot}\dfrac{dg(\vec{x})}{dx_i} \oplus \dfrac{df(\vec{x})}{dx_i}{\cdot}\dfrac{dg(\vec{x})}{dx_i}$
4.	Disjunktion	$\dfrac{d(f(\vec{x}) \vee g(\vec{x}))}{dx_i} = \overline{f}{\cdot}\dfrac{dg(\vec{x})}{dx_i} \oplus \overline{g}{\cdot}\dfrac{df(\vec{x})}{dx_i} \oplus \dfrac{df(\vec{x})}{dx_i}{\cdot}\dfrac{dg(\vec{x})}{dx_i}$
5.	Exklusiv-Oder	$\dfrac{d(f(\vec{x}) \oplus g(\vec{x}))}{dx_i} = \dfrac{dg(\vec{x})}{dx_i} \oplus \dfrac{df(\vec{x})}{dx_i}$
6.	mehrfache Ableitung	$\dfrac{d}{dx_i}{\cdot}\dfrac{df(\vec{x})}{dx_j} = \dfrac{d}{dx_j}{\cdot}\dfrac{df(\vec{x})}{dx_i}$

Die Berechnung von Testmustern mit Hilfe Boolescher Differenzen soll am Beispiel der in Abb. 3.1.1.4.1 dargestellten Schaltung verdeutlicht werden.

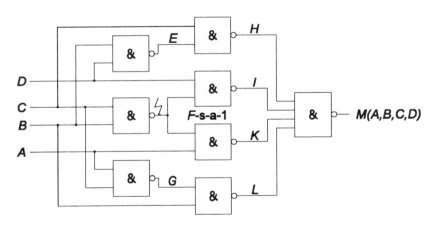

Abb. 3.1.1.4.1:   "Schneider's Gegenbeispiel", /SCHNEI67/

Betrachtet wird der Fehler F-s-a-1. Die Testbarkeitsbedingung lautet:

$$(F \oplus 1) \cdot \frac{\mathrm{d}M^*(A,B,C,D,F)}{\mathrm{d}F} = 1$$

Mit $M_1 = H \cdot L$ und $M_2 = I \cdot K$ ergibt sich:

$$(F \oplus 1) \cdot \frac{\mathrm{d}M^*(M_1,M_2)}{\mathrm{d}F} = 1$$

$$(F \oplus 1) \cdot \frac{\mathrm{d}\overline{M_1 \cdot M_2}}{\mathrm{d}F} = 1$$

Durch Anwendung der Regel für inverse Schaltfunktionen ergibt sich:

$$(F \oplus 1) \cdot \frac{\mathrm{d}(M_1 \cdot M_2)}{\mathrm{d}F} = 1$$

Als nächstes wird die Regel für konjunktiv verknüpfte Schaltfunktionen angewendet und F substituiert.

$$C \cdot B \cdot \left(M_1 \cdot \frac{\mathrm{d}M_2}{\mathrm{d}F} \oplus M_2 \cdot \frac{\mathrm{d}M_1}{\mathrm{d}F} \oplus \frac{\mathrm{d}M_1}{\mathrm{d}F} \cdot \frac{\mathrm{d}M_2}{\mathrm{d}F} \right) = 1$$

$$C \cdot B \cdot \left(H \cdot L \cdot \frac{\mathrm{d}(I \cdot K)}{\mathrm{d}F} \oplus I \cdot K \cdot \frac{\mathrm{d}(H \cdot L)}{\mathrm{d}F} \oplus \frac{\mathrm{d}(H \cdot L)}{\mathrm{d}F} \cdot \frac{\mathrm{d}(I \cdot K)}{\mathrm{d}F} \right) = 1$$

Die Differenz für die Produkte HL und IK wird wieder entsprechend den Regeln berechnet.

$$C \cdot B \cdot \left(H \cdot L \cdot \left(I \cdot \frac{\mathrm{d}K}{\mathrm{d}F} \oplus K \cdot \frac{\mathrm{d}I}{\mathrm{d}F} \oplus \frac{\mathrm{d}K}{\mathrm{d}F} \cdot \frac{\mathrm{d}I}{\mathrm{d}F} \right) \oplus I \cdot K \cdot \left(H \cdot \frac{\mathrm{d}L}{\mathrm{d}F} \oplus L \cdot \frac{\mathrm{d}H}{\mathrm{d}F} \oplus \frac{\mathrm{d}H}{\mathrm{d}F} \cdot \frac{\mathrm{d}L}{\mathrm{d}F} \right) \right.$$

$$\left. \oplus \left(H \cdot \frac{\mathrm{d}L}{\mathrm{d}F} \oplus L \cdot \frac{\mathrm{d}H}{\mathrm{d}F} \oplus H \cdot \frac{\mathrm{d}L}{\mathrm{d}F} \oplus \frac{\mathrm{d}H}{\mathrm{d}F} \cdot \frac{\mathrm{d}L}{\mathrm{d}F} \right) \cdot \left(I \cdot \frac{\mathrm{d}K)}{\mathrm{d}F} \oplus K \cdot \frac{\mathrm{d}I}{\mathrm{d}F} \oplus \frac{\mathrm{d}I}{\mathrm{d}F} \cdot \frac{\mathrm{d}K}{\mathrm{d}F} \right) \right) = 1$$

Da sowohl $H = (B \cdot D \oplus 1) \cdot C \oplus 1$ als auch $L = (A \cdot C \oplus 1) \cdot B \oplus 1$ keine Funktion von F ist gilt:

$$\frac{\mathrm{d}L}{\mathrm{d}F} = \frac{\mathrm{d}H}{\mathrm{d}F} = 0$$

Damit vereinfacht sich die Testbarkeitsbedingung für den betrachteten Fehler.

$$C \cdot B \cdot H \cdot L \cdot \left(I \cdot \frac{dK}{dF} \oplus K \cdot \frac{dI}{dF} \oplus \frac{dK}{dF} \cdot \frac{dI}{dF} \right) = 1$$

Die Ausdrücke für H, I, K und L sowie für die Booleschen Differenzen $\frac{dI}{dF}$ und $\frac{dK}{dF}$ werden

eingesetzt.

$$C \cdot B \cdot \cdot (CE \oplus 1) \cdot (BG \oplus 1) \cdot \left((FD \oplus 1) \cdot \left(A \cdot \frac{dF}{dF} \oplus F \cdot \frac{dA}{dF} \oplus \frac{dA}{dF} \cdot \frac{dF}{dF} \right) \right.$$

$$\oplus \ (FA \oplus 1) \left(D \cdot \frac{dF}{dF} \oplus F \cdot \frac{dD}{dF} \oplus \frac{dD}{dF} \cdot \frac{dF}{dF} \right)$$

$$\oplus \left(A \cdot \frac{dF}{dF} \oplus F \cdot \frac{dA}{dF} \oplus \frac{dA}{dF} \cdot \frac{dF}{dF} \right) \cdot \left(D \cdot \frac{dK)}{dF} \oplus F \cdot \frac{dD}{dF} \oplus \frac{dD}{dF} \cdot \frac{dF}{dF} \right) \right) = 1$$

Wegen $\frac{dF}{dF} = 1$ und $\frac{dA}{dF} = \frac{dD}{dF} = 0$ erhält man

$$C \cdot B \cdot (CE \oplus 1) \cdot (BG \oplus 1) \cdot ((FD \oplus 1) \cdot A \ \oplus \ (FA \oplus 1) D \ \oplus \ A \cdot D) = 1$$

$$C \cdot B \cdot (CE \oplus 1) \cdot (BG \oplus 1) \cdot (A \oplus D \oplus AD) = 1$$

Einfache algebraische Umformungen und Ersetzungen liefern schließlich:

$$C \cdot B \cdot (C \cdot (BD \oplus 1) \oplus 1) \cdot (B \cdot (AC \oplus 1) \oplus 1) \cdot (A \oplus D \oplus AD) = 1$$

$$CB \cdot (BCD \oplus C \oplus 1) \cdot (ABC \oplus B \oplus 1) \cdot (A \oplus D \oplus AD) = 1$$

$$(BCD \oplus BC \oplus BC) \cdot (ABC \oplus B \oplus 1) \cdot (A \oplus D \oplus AD) = 1$$

$$BCD \cdot (ABC \oplus B \oplus 1) \cdot (A \oplus D \oplus AD) = 1$$

$$...$$

$$ABCD = 1$$

Als Testmuster für den betrachteten Fehler ergibt sich somit der 4-Tupel $(A,B,C,D)=(1,1,1,1)$.

Abb. 3.1.1.4.2 verdeutlicht, wie der Fehler sich von Fehlerort zum Schaltungsausgang fortpflanzt.

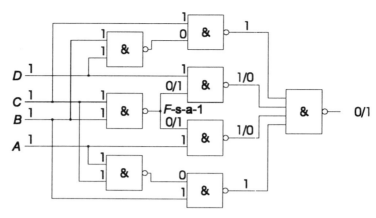

Abb. 3.1.1.4.2:   Fehlerpropagierung für *F*-s-a-1

Ein auf der Berechnung Boolescher Differenzen basierenden Programm zu Testmusterberechnung wurde 1989 von T. Larrabee /LAR89/ veröffentlicht.

3.1.2   Einzelpfadsensibilisierung

Das Verfahren geht von folgender Grundidee aus:

1.   Am Fehlerort muß im fehlerfreien Fall ein zum Fehlerwert inverser Signalwert
      eingestellt werden. Den zugehörigen Vorgang bezeichnet man als
      Fehlererzeugung.
2.   Der fehlerhafte Signalwert muß entlang eines Pfades zu mindestens einem
      Ausgang der Schaltung propagiert werden. Dieser Vorgang wird auch als
      Fehlerpropagation oder Fehlerfortschaltung bezeichnet.

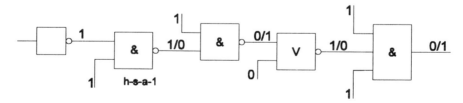

Abb. 3.1.2.1:   Einzelpfadsensibilisierung

Abb. 3.1.2.1 verdeutlicht das Verfahren. Die Wertepaare 0/1 und 1/0 bedeuten, daß das
Signal im fehlerfreien Fall den Wert 0 bzw. 1 und im fehlerbehafteten Fall den Wert 1 bzw.

0 aufweist.

Das Verfahren besteht aus folgenden Schritte:

1. Wähle einen Pfad vom Fehlerort zum Fehlerausgang.
2. Bestimme den notwendigen Signalwert am Fehlerort, um den Fehler zu erzeugen ($h(\vec{x})\oplus\alpha=1$).
3. Bestimme die notwendigen Signalwerte an den Gattern entlang des gewählten Pfades, um den Fehler fortzuschalten.
4. Berechne aus den Anforderungen zu 2 und 3 die Signalwerte an den Schaltungseingängen.
5. Wenn Schritt 4 erfolgreich durchgeführt werden konnten, fahre fort mit dem nächsten Fehler. Andernfalls wähle einen anderen Pfad und fahre fort mit 3.
6. Falls es keinen weiteren Pfad mehr gibt, ist keine Testmusterberechnung möglich.

Als Beispiel diene der in Abb. 3.1.2.2 dargestellte Halbaddierer mit Fehler A-s-a-1.

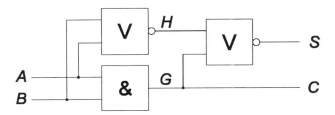

Abb. 3.1.2.2:   Halbaddierer

Der Fehler kann auf drei Pfaden zu einem Schaltungsausgang propagiert werden. Es sind die Pfade $A\rightarrow G\rightarrow C$, $A\rightarrow G\rightarrow S$ und $A\rightarrow H\rightarrow S$. In jedem Fall muß, um den Fehler zu erzeugen, $A=0$ gesetzt werden. Die beiden ersten Pfade werden sensibilisiert durch Setzen von $B=1$. Für den dritten Pfad ist $B=0$ zu wählen.

Bei dem 1967 von Schneider publizierten Beispiel gemäß Abb. 3.1.1.4.1 versagt die Einzelpfadsensibilisierung jedoch. Das Verfahren ist nicht vollständig, da nicht gewährleistet ist, daß ein Testmuster immer gefunden wird, sofern eines existiert. Hierzu werden die einzelnen Schritte für den betrachteten Fehler F-s-a-1 durchgeführt:

1. Wahl eines Pfades vom Fehlerort zum Schaltungsausgang: $F\rightarrow I\rightarrow M$
2. Fehlererzeugung: $F=1$
3. Fehlerpropagierung entlang des Pfades: $A=1$, $H=1$, $K=1$, $L=1$
4. Berechnung der Signale an den Eingängen:

$$F=0 \Rightarrow B=1, C=1$$

$$K=1 \Rightarrow D=0 \Rightarrow G=1 \Rightarrow \underline{L=0} \quad \text{K o n f l i k t !!}$$

5.   Die Forderungen $L=1$ aus 3 und $L=0$ aus 4 stellen eine nicht lösbaren Konflikt dar. Es ist ein anderer Pfad zu wählen. Aufgrund der Symmetrie der Schaltung sieht man sofort, daß auch bei Wahl des Pfades $F->K->M$ kein Testmuster mit diesem Verfahren gefunden werden kann.

Eine Testmusterberechnung für den Fehler F-s-a-1 ist damit nicht möglich. Aus dem vorangegangenen Kapitel über Testmusterberechnung mittels Boolescher Differenzen ist jedoch bekannt das ein Testmuster ($A=1$, $B=1$, $C=1$, $D=1$) für diesen Fehler existiert. Die Methode der Einzelpfadsensibilisierung ist somit kein vollständiger Algorithmus.

3.1.3   D-Algorithmus

Roth und Schneider haben im Jahr 1967 die Unzulänglichkeit der Methode der Einzelpfadsensiblisierung erkannt und den D-Algorithmus für die Testmusterberechnung formuliert [ROT67]. Der D-Algorithmus ist vollständig, das heißt, sofern es ein Muster $\vec{x}=\vec{u}$ für eine Fehler h-s-a-α gibt, welches die Testbarkeitsbedingung $T(h-s-a-\alpha)=1$ erfüllt, wird es auch ermittelt. Im Gegensatz zur Einzelpfadsensiblisierung wird beim D-Algorithmus hierzu auch die gleichzeitige Fehlerpropagierung auf parallelen Pfaden untersucht. Grundlage der Formulierung des D-Algorithmus ist eine D-Kalkül genannte Implikantenalgebra, welche in folgenden in einem nur für das Verständnis des Algorithmus notwendigem Maße erläutert wird.

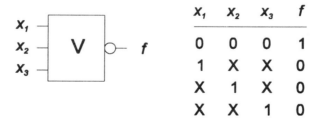

Abb. 3.1.3.1:   NOR-Gatter mit drei Eingängen und zugehöriger Funktionstabelle

Die Funktionstabelle eines Gatters G mit der Funktion f besteht aus den Primimplikanten von f und $\bar{f}$. Als Beispiel zur Erläuterung diene ein NOR-Gatter mit Ausgang f und drei Eingängen x_1, x_2 und x_3. Die Primimplikanten von f sind $\overline{x_1} \cdot \overline{x_2} \cdot \overline{x_3}$ und die Primimplikanten von $\bar{f}$ sind x_1, x_2 und x_3. Abb. 3.1.3.1 zeigt das Gatter und die zugehörige Funktionstabelle.

Der Wert X steht hier für einen beliebigen Signalwert 0 oder 1.

Ein Fehlerimplikant ist die Repräsentation eines Test für einen Fehler in Termen für die Ein- und Ausgangsleitungen des fehlerhaften Gatters. Hierzu werden zunächst zwei weitere Signalwerte definiert. D repräsentiert den Wert 0 im fehlerfreien Fall und den Wert 1 im Fehlerfall. Umgekehrt steht $\overline{D}$ für 1 im fehlerfreien Fall und 0 im Fehlerfall.

Die Fehlerimplikanten werden gebildet durch Intersektion von Paaren von Implikanten der Funktionstabellen des fehlerhaften und des fehlerfreien Gatters. Tabelle 3.1.3.1 sind die Intersektionsregeln für Signalwerte an den Eingängen und Ausgängen des Gatters zu entnehmen.

Tabelle 3.1.3.1:   Intersektionsregeln zur Bildung der Fehlerimplikanten des Fehlers

Eingänge					Ausgänge		
		b					b
$a \cap b$	X	0	1		$a \cap b$	0	1
a X	X	0	1		**a** 0	0	D
0	0	0			1	1	$\overline{D}$
1	1		1				

Es werden nur dann Fehlerimplikanten gebildet, wenn sich die Signalwerte im fehlerfreien Fall und im Fehlerfall unterscheiden. Abb. 3.1.3.2 zeigt dies für den Fehler f-s-a-α des bereits betrachteten NOR-Gatters gemäß Abb. 3.1.3.1.

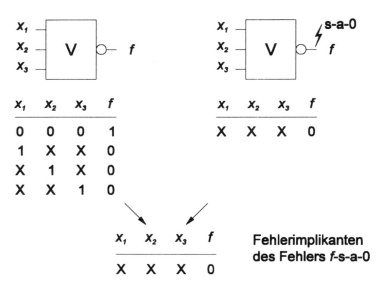

Abb. 3.1.3.2:   Fehlerimplikanten des Fehlers f-s-a-0

Fehlerimplikanten können so nicht nur für Haftfehler konstruiert werden. Abb. 3.1.3.3 zeigt, wie die Implikanten für die bereits in Abb. 2.2.2.1 dargestellte als Haftfehler nicht modellierbare Unterbrechung e ermittelt werden. Die gefundenen Implikanten stimmen mit den in Kapitel 3.1.1 berechneten Primimplikanten für die Fehlerfunktion F^e am Fehlerort überein.

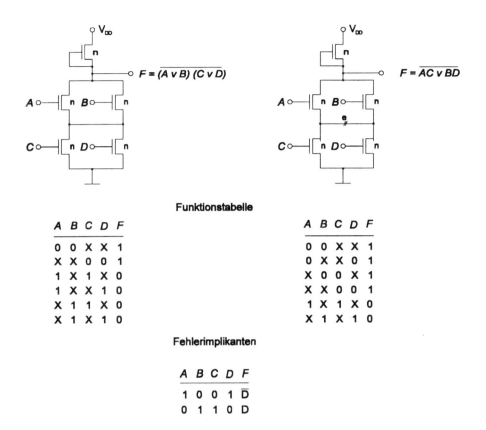

Funktionstabelle

A	B	C	D	F
0	0	X	X	1
X	X	0	0	1
1	X	1	X	0
1	X	X	1	0
X	1	1	X	0
X	1	X	1	0

A	B	C	D	F
0	0	X	X	1
0	X	X	0	1
X	0	0	X	1
X	X	0	0	1
1	X	1	X	0
X	1	X	1	0

Fehlerimplikanten

A	B	C	D	F
1	0	0	1	$\overline{D}$
0	1	1	0	D

Abb. 3.1.3.3:   Ermittlung der Feherimplikanten des Fehlers für einen Unterbrechungsfehler in einem NMOS-Komplexgatter

Die Fehlerfortschaltung an einem Gatter wird durch D-Implikanten beschrieben. D-Implikanten repräsentieren die minimalen Voraussetzungen für Signale an Eingängen von Gattern, welche erfüllt sein müssen, um einem Fehler von einem Gattereingang zum Gatterausgang zu fortzuschalten. Diese Implikanten werden auch einfache D-Implikanten eines logischen Blocks genannt. Man gewinnt sie durch gegenseitige Intersektion jener Implikanten Funktionstabelle eines Blocks, welche unterschiedliche Ausgangswerte haben, gemäß den in Tabelle 3.1.3.2 dargelegten Regeln.

Tabelle 3.1.3.2:   Regeln für die komponentenweise Bildung der D-Implikanten

		b	
$a \cap b$	X	0	1
X	X	0	1
a 0	0	0	$\overline{D}$
1	1	D	1

Abb. 3.1.3.4 verdeutlicht dies für das NOR-Gatter mit drei Eingängen.

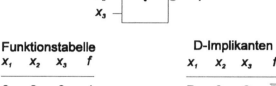

Funktionstabelle					**D-Implikanten**			
x_1	x_2	x_3	f		x_1	x_2	x_3	f
0	0	0	1		D	0	0	$\overline{D}$
1	X	X	0		0	D	0	$\overline{D}$
X	1	X	0		0	0	D	$\overline{D}$
X	X	1	0					

Abb.3.1.3.4:   Bildung einfacher D-Implikanten für ein NOR-Gatter mit drei Eingängen

D-Implikanten für die gleichzeitige Fortschaltung von Fehlerwerten (D oder $\overline{D}$) von mehreren Eingängen zum Ausgang des Gatters können auf ähnliche Weise erhalten werden. Tabelle 3.1.3.3 nennt alle D-Implikanten für das obige Gatter.

Tabelle 3.1.3.3:   Mehrfache D-Implikanten eines NOR-Gatters mit drei Eingängen

x_1	x_2	x_3	f
D	0	0	$\overline{D}$
0	D	0	$\overline{D}$
0	0	D	$\overline{D}$
D	D	0	$\overline{D}$
D	0	D	$\overline{D}$
0	D	D	$\overline{D}$
D	D	D	$\overline{D}$

Die Berechnung der Fehlerfortschaltung durch die Schaltung erfolgt durch D-Intersektion der D-Implikanten der Gatter auf einem Pfad vom Fehlerort zu einem Gatterausgang. Die D-Intersektion zweier Implikanten a und b wird koordinatenweise ermittelt. Die Rechenregeln sind in Tabelle 3.1.3.4 aufgeführt.

Tabelle 3.1.3.4:   Regeln für die koordinatenweise D-Intersektion von Implikanten

$a_i \cap b_i$	b_i				
	X	0	1	D	$\overline{D}$
X	X	0	1	D	$\overline{D}$
0	0	0	$\varnothing$	ψ	ψ
1	1	$\varnothing$	1	ψ	ψ
D	D	ψ	ψ	D	ψ
$\overline{D}$	$\overline{D}$	ψ	ψ	ψ	$\overline{D}$

$\varnothing$ = leer ψ = undefiniert

Für die Intersektion von Implikanten $a \cap b$ gilt:

$a \cap b = \varnothing$ wenn die D-Intersektion mindestens einer Koordinate $\varnothing$ ist.

$a \cap b = \psi$ wenn die D-Intersektion mindestens einer Koordinate ψ ist.

Andernfalls:

$a \cap b =$ Implikant, welcher durch koordinatenweise D-Intersektion gebildet wird.

Abb. 3.1.3.5 verdeutlicht die Sensibilisierung eines Pfades durch zwei Gatter vom Eingang
A zum Ausgang E.

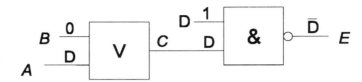

Abb. 3.1.3.5:   Sensibilisierung von Pfaden durch mehrere Gatter

Durch D-Intersektion der entsprechenden D-Implikanten wird ein Implikant gefunden, der
einen Pfad von Eingang A zu Ausgang E sensibilisiert.

$$\frac{A \ B \ C \ D \ E}{D \ 0 \ D \ X \ X} \cap \frac{A \ B \ C \ D \ E}{X \ X \ D \ 1 \ \overline{D}} = \frac{A \ B \ C \ D \ E}{D \ 0 \ D \ 1 \ \overline{D}}$$

Der D-Algorithmus kann jetzt in seinen Grundzügen beschrieben werden. Abb. 3.1.3.6
zeigt das Flußdiagramm.

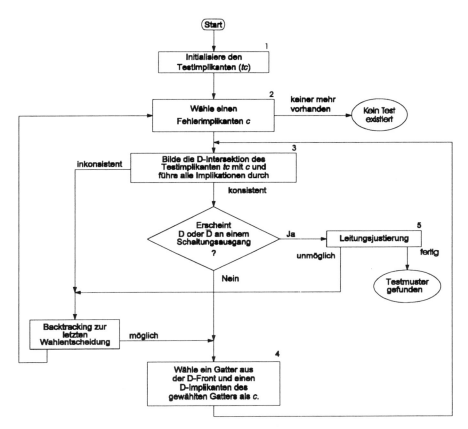

Abb. 3.1.3.6: Flußdiagramm des D-Algorithmus

Der Zustand der Schaltung, repräsentiert durch die Werte aller Signale, wird mittels des Testimplikanten tc dargestellt. Der Testimplikant wird zum Anfang so initialisiert, daß alle Signale nicht spezifiziert, d.h. gleich X, sind. Als nächstes wird ein Fehlerimplikant gewählt. Für die in Abb. 3.1.1.4.1 dargestellte Schaltung mit Fehler F-s-a-1 gibt es nur einen Fehlerimplikanten.

A	B	C	D	E	F	G	H	I	K	L	M
X	1	1	X	X	$\overline{D}$	X	X	X	X	X	X

Für den in Abb. 3.1.3.3 betrachteten Unterbrechungsfehler gab es zwei Fehlerimplikanten.

A	B	C	D	F
1	0	0	1	$\overline{D}$
0	1	1	0	D

In einem solchen Fall wird beliebig einer der Implikanten gewählt. Es kann jedoch erforderlich werden, daß diese Wahl später revidiert und ein anderer Fehlerimplikant gewählt wird. Dieser Prozeß des Rückgängigmachens von Wahlentscheidungen wird Backtracking genannt. Backtracking erfolgt gegebenenfalls solange bis keine Wahlmöglichkeit mehr besteht.

Der nächste Schritt beim D-Algorithmus ist die D-Intersektion mit dem Testimplikanten im vorliegenden Fall erhält man:

A	B	C	D	E	F	G	H	I	K	L	M
X	1	1	X	X	$\overline{D}$	X	X	X	X	X	X

Anschließend erfolgt die Implikation. Unter Implikation wird die Ermittlung aller Signalwerte an Gatterein- und Ausgängen verstanden, auf welche eindeutig aus den im Testimplikanten spezifizierten Signalwerten geschlossen werden kann. Dies erfolgt durch Intersektion mit den Implikanten der Funktionstabelle der Gatter. Wenn z.B. bei einem ODER-Gatter der Wert eines Eingangssignals mit 1 spezifiziert ist, folgt, daß der Wert des Ausgangssignals ebenfalls 1 sein muß. Sind umgekehrt bei einen EXOR-Gatter die Werte eines Eingangssignals und des Ausgangssignals gleich 0, folgt, daß auch der Wert des zweiten Eingangssignals gleich 0 sein muß. Im einen Fall spricht man von einer Vorwärtsimplikation im anderen Fall von einer Rückwärtsimplikation.

Eine Inkonsistenz liegt vor, wenn die Intersektion des Testimplikanten mit alle Implikanten der Funktionstabelle eines Gatters leer ist. Dies ist z.B. der Fall, wenn im Testimplikanten der Werte eines Eingangssignals eines UND-Gatter als 0 und der Wert des Ausgangssignals als 1 spezifiziert ist.

Sobald nach Abschluß aller Vorwärts- und Rückwärtsimplikationen einem Schaltungsausgang der Wert D oder $\overline{D}$ zugewiesen wird, wird zur Leitungsjustierung (5) oder Konsistenzprüfung verzweigt.

Durch die im Block 4 von Abb. 3.1.3.6 genannten Operationen wird das Fehlersignal D oder $\overline{D}$ um ein Gatter weiter zum Schaltungsausgang propagiert. Dieser Prozeß wird bei Roth D-Drive genannt. Die D-Front ist die Menge aller Gatter, bei denen mindestens an einen Eingang der Signalwert gleich D oder $\overline{D}$ und gleichzeitig der Wert des Ausgangssignals unspezifiziert ist. In unserem Beispiel ist die D-Front des Testimplikanten gleich {I,K}. Der D-Drive wählt als erstes ein Gatter aus der D-Front und einen D-Implikanten dieses Gatters (Anm.: Bei EXOR-Gattern besteht auch hier eine

Wahlmöglichkeit.). Durch D-Intersektion des D-Implikanten mit dem Testimplikanten wird der Fehlerwert zum Ausgang des gewählten Gatter propagiert. Hier wird das Gatter K gewählt. Der D-Implikant ist:

A	B	C	D	E	F	G	H	I	K	L	M
1	X	X	X	X	$\overline{D}$	X	X	X	D	X	X

Die in Block 3 durchgeführte D-Intersektion liefert:

	A	B	C	D	E	F	G	H	I	K	L	M
	X	1	1	X	X	$\overline{D}$	X	X	X	X	X	X
∩	1	X	X	X	X	$\overline{D}$	X	X	X	D	X	X
	1	1	1	X	X	$\overline{D}$	X	X	X	D	X	X

Falls die D-Intersektion nicht möglich ist, erfolgt Backtracking zur letzten Wahlentscheidung für den D-Implikanten oder das gewählte Gatter der D-Front. In vorliegenden Fall folgt der normale Implikationsschritt, das heißt die Ermittlung aller aus dem Testimplikanten *tc* und den Implikanten der Funktionstabelle der Gatter ableitbarer Signalwerte. Zunächst wird die Intersektion des Testimplikanten mit den Implikanten des Gatters *G* ermittelt.

	A	B	C	D	E	F	G	H	I	K	L	M
	1	1	1	X	X	$\overline{D}$	X	X	X	D	X	X
∩	1	X	1	X	X	X	0	X	X	D	X	X
	1	1	1	X	X	$\overline{D}$	0	X	X	D	X	X

Durch Intersektion mit den Implikanten des Gatters *L* erhält man schießlich:

	A	B	C	D	E	F	G	H	I	K	L	M
	1	1	1	X	X	$\overline{D}$	0	X	X	D	X	X
∩	X	1	X	X	X	X	0	X	X	X	1	X
	1	1	1	X	X	$\overline{D}$	0	X	X	D	1	X

Die D-Front ist jetzt {*I,M*}. Für den D-Drive werde anschließend das Gatter *M* gewählt. Der D-Implikant ist:

A	B	C	D	E	F	G	H	I	K	L	M
X	X	X	X	X	X	X	1	1	D	1	$\overline{D}$

Die Intersektion liefert:

	A	B	C	D	E	F	G	H	I	K	L	M
	1	1	1	X	X	$\overline{D}$	0	X	X	D	1	X
∩	X	X	X	X	X	X	X	1	1	D	1	$\overline{D}$
	1	1	1	X	X	$\overline{D}$	0	1	1	D	1	$\overline{D}$

Die Implikationsschritte verlaufen folgendermaßen:

	A	B	C	D	E	F	G	H	I	K	L	M
	1	1	1	X	X	$\overline{D}$	0	1	1	D	1	$\overline{D}$
∩	X	X	X	0	X	$\overline{D}$	X	X	1	X	X	X
	1	1	1	0	X	$\overline{D}$	0	1	1	D	1	$\overline{D}$
∩	X	X	X	0	1	X	X	X	X	X	X	X
	1	1	1	0	1	$\overline{D}$	0	1	1	D	1	$\overline{D}$
∩	X	X	1	X	1	X	X	0	X	X	X	X

Inkonsistenz

Aufgrund der Inkonsistenz hinsichtlich des Signals *H* muß die letzte Wahlentscheidung revidiert werden. Für den D-Drive wird anstelle des Gatters *M* das Gatter *I* aus der D-Front gewählt und der Testimplikant auf den alten Wert zurückgesetzt. Die D-Implikation liefert dann:

	A	B	C	D	E	F	G	H	I	K	L	M
	1	1	1	X	X	$\overline{D}$	0	X	X	D	1	X
∩	X	X	X	1	X	$\overline{D}$	X	X	D	X	X	X
	1	1	1	1	X	$\overline{D}$	0	X	D	D	1	X

Durch Vorwärtsimplikation folgt:

	A	B	C	D	E	F	G	H	I	K	L	M
	1	1	1	1	X	$\overline{D}$	0	X	D	D	1	X
∩	X	1	X	1	0	X	X	X	X	X	X	X
	1	1	1	1	0	$\overline{D}$	0	X	D	D	1	X
∩	X	X	X	X	0	X	X	1	D	X	X	X
	1	1	1	1	0	$\overline{D}$	0	1	D	D	1	X
∩	X	X	X	X	X	X	X	1	D	D	1	$\overline{D}$
	1	1	1	1	0	$\overline{D}$	0	1	D	D	1	$\overline{D}$

Sobald an einem Schaltungsausgang der Wert D oder $\overline{D}$ erscheint wird zur Leitungsjustierung bzw. Konsistenzprüfung verzweigt. Die Leitungsjustierung prüft, ob es Gatter
gibt, für deren Ausgangssignale ein Wert im Testimplikanten spezifiziert ist, welcher nicht
zwingend aus den Werten der Eingangssignale des Gatters ableitbar ist. In vorliegenden
Beispiel ist dies nicht der Fall. Die Testmusterberechnung ist damit abgeschlossen. Findet
sich jedoch ein solches nicht justiertes Signal, wird für das betreffende Gatter ein Implikant
der Funktionstabelle gewählt und durch Intersektion mit dem Testimplikanten ein gültiger
Wert für die Eingangssignale ermittelt. Abb. 3.1.3.7 zeigt das Flußdiagramm der
Leitungsjustierungsroutine.

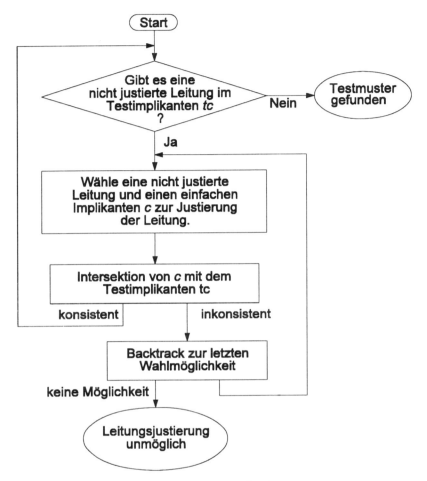

Abb. 3.1.3.7:   Leitungsjustierung (Konsistenzprüfung)

Ergebnis der Leitungsjustierung ist entweder ein Testimplikant, der alle für den Test des betrachteten Fehlers notwendigen Eingangssignalwerte spezifiziert oder eine Inkonsistenz, welche ihrerseits ein Backtrack zur letzten Wahlentscheidung auslöst.

Der D-Algrithmus liefert ein Testmuster für einen Fehler, wenn ein solches Muster existiert. Der Beweiß zur Vollständigkeit des Algorithmus stammt von Roth selbst [ROT66]. 1978 hat Roth eine erweiterte Version des D-Algorithmus angegeben [ROT78], bei welcher D-Drive und Leitungsjustierung nicht mehr hintereinander sondern gemischt durchgeführt werden. Das Ergebnis war eine Beschleunigung der Bearbeitung um 50%.

3.1.4   PODEM

PODEM [GOE81]] ist ein impliziter Enumerierungsalgorithmus. Durch Tiefe-Zuerst-Suche wird der gesamte Raum der möglichen Eingangsmuster überprüft. Die Suche erfolgt im Raum aller mögliche Eingangsmuster $\vec{x}=\vec{u}$.

Für die Suche bedient sich PODEM einer fünfwertigen Darstellung des Signalwerte:

X	:	Unbekannt, das heißt, daß jeder der folgenden Werte möglich ist.
0	:	Das Signal hat sowohl im fehlerfreien Fall als auch im Fehlerfall den Wert "0".
1	:	Das Signal hat sowohl im fehlerfreien Fall als auch im Fehlerfall den Wert "1".
0/1	:	Das Signal hat im fehlerfreien Fall den Wert "0" und im Fehlerfall den Wert "1".
1/0	:	Das Signal hat im fehlerfreien Fall den Wert "1" und im Fehlerfall den Wert "0".

Die Suche erfolgt ausschließlich durch Wahlentscheidungen betreffend die Werte der Signale an den primären Eingängen der Schaltung. Sie ist als Tiefe-Zuerst-Suche auf einem binären Baum organisiert. Die Pfade zu den Blättern des Baums stellen die Testmuster für die Schaltung dar. Abb. 3.1.4.1 zeigt den Suchbaum für eine Schaltung mit vier Eingängen A,B,C und D. Die Knoten sind mit den Namen der Eingänge der Schaltung und die Zweigen mit den zugehörigen Signalwerten markiert. Die Marken an den Blättern zeigen an, ob der Pfad von der Wurzel zum Blatt ein gültiges Testmuster repräsentiert oder nicht.

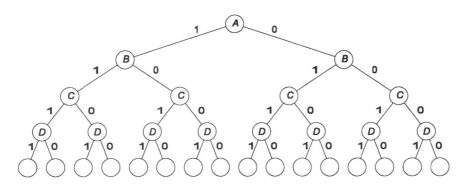

Abb. 3.1.4.1:   Suchbaum für eine Schaltung mit vier Eingängen *A*, *B*, *C*, und *D*

Äste des Suchbaums, welche für einen gewählten Fehler kein gültiges Testmuster enthalten, werden frühzeitig identifiziert, und von der weiteren Suche ausgeschlossen. So wird die Zahl der tatsächlich zu untersuchenden Eingangsmuster reduziert. Abb. 3.1.4.2 zeigt den Ablaufplan für PODEM.

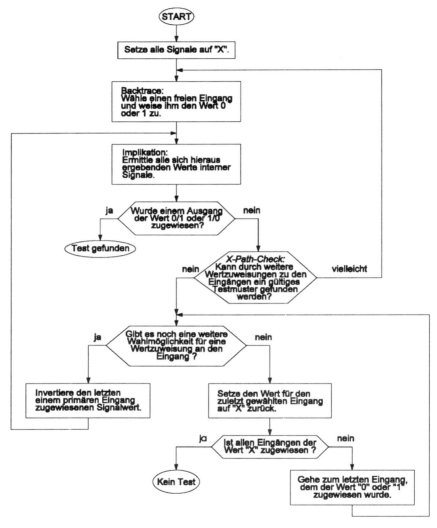

Abb. 3.1.4.2:   Ablaufplan des PODEM-Algorithmus zur Testmusterberechnung für kombinatorische Schaltungen

Am Beispiel des in Bild 3.1.1.4.1 betrachteten Schaltungsfehlers soll auch hier wieder das Vorgehen verdeutlicht werden. Nachdem zunächst allen Signalen der Wert "X" zugewiesen ist, wird ein Eingangssignal gewählt und diesem der Wert "0" oder "1" zugewiesen. Heuristiken [GOE81] können diese Wahl unterstützen, haben aber keinen Einfluß auf die Vollständigkeit des Algorithmus. Die Wahl sei hier A=0. Im folgenden Schritt werden alle sich hieraus ableitenden Werte interner Signale bestimmt. Die Implikation erfolgt dabei nur in Richtung des Schaltungsausgangs. Abb. 3.1.4.3 zeigt den Entscheidungsbaum und den Zustand der Schaltung nach der Implikation.

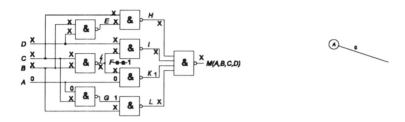

Abb. 3.1.4.3:   Schaltungszustand nach der ersten Wahlentscheidung (A=0)

Der Wert des Ausgangssignals ist unverändert "X". Es muß jetzt geprüft werden, ob durch weitere Wertzuweisungen zu den restlichen Schaltungseingängen B, C und D noch ein Testmuster für den Fehler F-s-a-1 gefunden werden kann. Dies erfolgt durch Prüfung der Pfade vom Fehlerort zum Schaltungsausgang in der Routine "Xpath-Check". Xpath-Check prüft, ob es noch einen Pfad vom Fehlerort zum Schaltungsausgang gibt, auf dem die Werte aller Signale X, 0/1 oder 1 sind. Gibt es keinen solchen Pfad, dann kann der Fehler nicht zum Ausgang propagiert werden, ohne daß eine der vorangegangenen Wertzuweisungen rückgängig gemacht wird. Dies ist im vorliegenden Fall nicht gegeben.

Es wird der nächste Schaltungseingang gewählt und ihm ein Wert 0 oder 1 zugewiesen. Die Wahl lautet hier B=0. Abb. 3.1.4.4 zeigt den Schaltungszustand nach der Implikation.

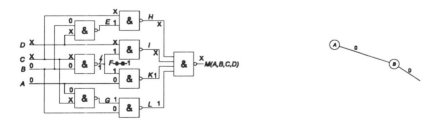

Abb. 3.1.4.4:   Schaltungszustand nach der zweiten Wahlentscheidung

Das Ausgangssignal hat noch immer den Wert "X", aber es existiert kein Pfad mehr auf welchem der Fehler zum Ausgang propagiert werden kann. Bereits am Fehlerort hat das Signal F den Wert "1". Alle Eingangsmuster mit $A=0$ und $B=0$ können daher als möglich Testmuster ausgeschlossen werden. Da für B noch nicht beide Wertemöglichkeiten probiert wurden, wird B invertiert, d.h. auf den Wert "1" gesetzt, und erneut zur Implikation verzweigt. Dieses Revidieren von Wahlentscheidungen bezeichnet man auch hier wie beim D-Algorithmus als Backtrack. Abb. 3.1.4.5 zeigt den Schaltungszustand nach dem ersten Backtrack.

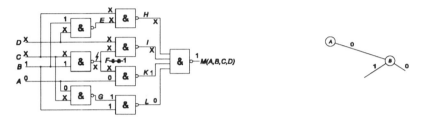

Abb. 3.1.4.5:   Schaltungszustand nach dem ersten Backtrack ($B=0 \rightarrow B=1$)

Dem Ausgang wurde wieder weder der Wert 0/1 noch der Wert 1/0 zugewiesen. Da der Ausgang bereits den Wert 1 angenommen hat, kann auch durch weitere Zuweisung von Werten an die Signale C und D der Fehler nicht zum Ausgang propagiert werden. Eingangsmuster mit $A=0$ und $B=1$ werden daher auch als mögliche Testmuster ausgeschlossen. Die Alternative $B=0$ existiert bereits nicht mehr und es wird folglich auf das zuvor gewählte Eingangssignal A zurückgegriffen und dessen Wert invertiert. Abb. 3.1.4.6 zeigt den Schaltungszustand nach dem zweiten Backtrack.

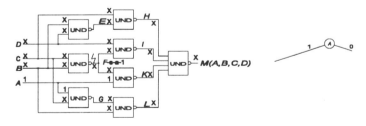

Abb. 3.1.4.6:   Schaltungszustand nach dem zweiten Backtrack ($A=0 \rightarrow A=1$)

Der Fehler ist noch nicht am Ausgang M beobachtbar und die Pfadprüfung ergibt, daß er evtl. noch dorthin propagiert werden kann. Als nächstes wird daher dem Eingang B wieder

der Wert "0" zugewiesen. Der Schaltungszustand nach der Implikation ist in Abb. 3.1.4.7 dargestellt.

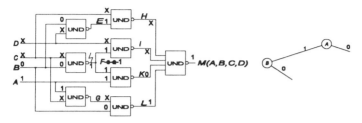

Abb. 3.1.4.7:   Schaltungszustand nach der dritten Wahlentscheidung ($B=0$)

Der Fehler erscheint wieder nicht am Ausgang. Er kann auch nicht dorthin propagiert werden. Es erfolgt daher ein erneuter Backtrack. B wird der Wert "1" zugewiesen.

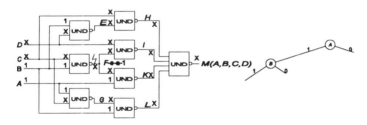

Abb. 3.1.4.8:   Schaltungszustand nach dem dritten Backtrack ($B=0 \rightarrow B=1$)

Da der Fehler noch nicht am Ausgang sichtbar ist und nicht alle Pfade von Fehlerort zum Schaltungsausgang blockiert sind, erfolgt die nächste Wahlentscheidung $C=0$.

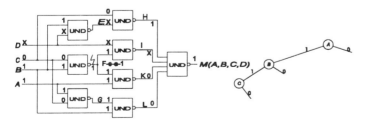

Abb. 3.1.4.9:   Schaltungszustand nach der vierten Wahlentscheidung ($C=0$)

Das Signal *M* nimmt jetzt unabhängig vom Fehler den Wert "1" an. Der Fehler kann also nicht mehr zum Ausgang propagiert werden. Es erfolgt ein erneuter Backtrack und die Zuweisung *C*=1.

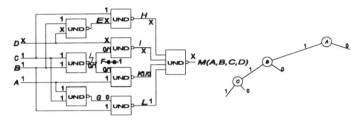

Abb. 3.1.4.10:   Schaltungszustand nach dem vierten Backtrack (*C*=0 -> *C*=1)

Als nächstes erfolgt wieder eine Wahlentscheidung. Dem Eingang *D* wird der Wert "0" zugewiesen.

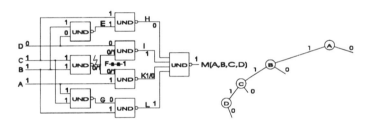

Abb. 3.1.4.11:   Schaltungszustand nach der fünften Wahlentscheidung (*D*=0)

Die Fehlerfortschaltung zum Ausgang ist wieder nicht möglich und es erfolgt der fünfte und letzte Backtrack.

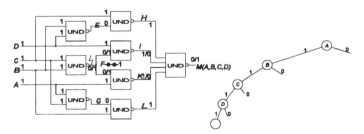

Abb. 3.1.4.12:   Schaltungszustand nach dem fünften Backtrack (*D*=0 -> *D*=1)

Der Fehler ist jetzt am Ausgang der Schaltung beobachtbar. Das Testmuster lautet, wie bereits bekannt, $(A,B,C,D)=(1,1,1,1)$. Das Beispiel lehrt, daß, obwohl zunächst die falschen Wertzuweisungen gewählt wurden, durch den Backtrack-Mechanismus dennoch das richtige Testmuster gefunden worden. Hierzu wurden nicht alle möglichen Eingangsmuster untersucht, sondern sobald deutlich war, daß unterhalb des aktuellen Knoten im Entscheidungsbaum kein Testmuster zu finden sei, dieser Teil des Baums von der Tiefe-Zuerst-Suche ausgeschlossen.

3.1.5   Sonstige Verfahren

In Jahr 1983 haben Fujiwara und Shimono /FUJ83/ ein Testmusterberechnungsverfahren mit dem Namen FAN vorgestellt. Wie PODEM basiert FAN auf einem impliziten Enumerierungsansatz, unterscheidet sich jedoch wesentlich bei der Implikationsprozedur. Implikationen werden nicht nur in Signalflußrichtung durchgeführt, sondern wie bei D-Algorithmus auch in rückwärtiger Richtung, wenn aus Werten am Gatterausgang auf Werte an den Gattereingängen geschlossen werden kann. Für den bereits vielfach betrachten Fehler F-s-a-1 in "Schneider's Gegenbeispiel" (Abb. 3.1.1.4.1) wird aus der Steuerbarkeitsbedingung $(F \oplus 1)=1$ unmittelbar impliziert $B=1$ und $C=1$. Da diese Zuweisungen zwangsläufig sind erscheinen die Signale B und C nicht mehr im Suchbaum für Testmuster. Die mögliche Zahl der Backtracks wird im vorliegenden Fall von 16 auf 4 reduziert. Verbesserungen der Heuristiken in der Backtraceprozedur sorgen für eine weitere Beschleunigung.

FAN nutzt darüberhinaus Struktureigenschaften der Schaltung, welche PODEM gänzlich ignoriert. Abb. 3.1.5.1 zeigt eine Schaltung mit einer Baumstruktur.

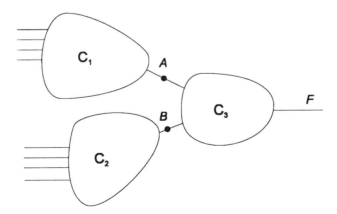

Abb. 3.1.5.1:   Ausnutzen von Schaltungsstrukturen bei der Testmusterberechnung

Wenn durch Wertzuweisungen zu den Signalen A und B ein Fehler in der Teilschaltung C_3 nicht erkannt wird, kann er auch durch Wertzuweisungen zu den Eingängen von C_1 und C_2 nicht erkannt werden. Erfolgt die Testmustersuche zunächst nur für die Teilschaltung C_3 wird die Komplexität reduziert.

Die Suche nach Werten für die Eingänge für C_1 und C_2 welche die zuvor berechneten Werte A und B einstellen, kann unabhängig erfolgen. Die Zahl der Knoten im Suchbaum wird dadurch weiter reduziert.

Kirkland und Mercer /KIR87/ habe 1987 ein Verfahren publiziert, welches weitere Struktureigenschaften der Schaltung ausnutzt. Sie wenden dazu das aus dem Compilerbau bekannte Prinzip der Signalflußdominatoren /TAR74/ an. Im einem gerichten Graphen dominiert ein Knoten A einen Knoten B, wenn alle Pfade von B zu einem Endknoten, einem Knoten ohne herausgehende Kanten, durch den Knoten A gehen. Die Eingänge, Gatter und Ausgänge der kombinatorischen Schaltung bilden bei Kirkland die Knoten des Signalflußgraphen und die Verbindungsleitungen zwischen den Gattern sind die Kanten. Betrachtet werden Dominatoren des Fehlerorts. Dies sind Gatter, durch welche das Fehlersignal zu einem Schaltungsausgang propagiert werden muß. Jenen eingehenden Kanten, bzw. den durch sie repräsentierten Signalen, des Dominators, welche nicht Teil eines Pfades vom Fehlerort zum Ausgang der Schaltung sind, kann unmittelbar ein Wert zugewiesen werden. Der Wert ist so zu wählen, das er die Propagierung des Fehlers durch das Gatter nicht ausschließt. Handelt es sich um ein UND-Gatter, ist der Wert "1" zuzuweisen, bei ODER-Gattern ist es der Wert "0". Wie die sich aus der Steuerbarkeitsbedingung bereits bei FAN ergebenden Zuweisungen, sind diese Zuweisungen zwangsläufig und nicht optional wie die Wahlentscheidungen bei PODEM. Im Fall des Fehlers F-s-a-1 in "Schneider's Gegenbeispiel" ist das Gatter M ein Dominator des Fehlerorts und den Signalen H und L ist jeweils der Wert "1" zuzuweisen. Die Implikationsprozedur verläuft folgendermaßen:

1.   Steuerbarkeitsbedingung: $B=1$, $C=1$
2.   Dominatoranalyse: $H=1$, $L=1$
                                      $H=1$ und $C=1$ ==> $E=0$ ==> $B=1$, $D=1$
                                      $L=1$ und $B=1$ ==> $G=0$ ==> $A=1$, $C=1$

Damit konnten die Werte aller Eingangssignale ohne Wahlentscheidungen und ohne Backtracks ermittelt werden.

Im Hinblick auf die Testbarkeitsbedingung bedeutet die Existenz eines Dominators A für den Fehlerort B, daß die Beobachtbarkeitsbedingung in zwei Terme aufgespalten werden kann:

$$(B(\vec{x}) \oplus \alpha) \cdot \frac{\mathrm{d}f^{*}(\vec{x},B)}{\mathrm{d}B} = (B(\vec{x}) \oplus \alpha) \cdot \frac{\mathrm{d}A(\vec{x},B)}{\mathrm{d}B} \cdot \frac{\mathrm{d}f'(\vec{x},A)}{\mathrm{d}A} = 1$$

Abb. 3.1.5.2 zeigt eine Schaltung mit Fehler *B*-s-a-1 und den Dominatoren des Fehlerorts.

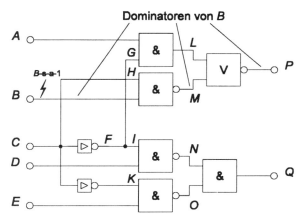

Abb. 3.1.5.2:   Beispielschaltung mit Dominatoren von Fehlerort *B*

Die Testbarkeitsbedingung lautet:

$$(B \oplus 1) \cdot \frac{\mathrm{d}P}{\mathrm{d}B} = 1$$

$$(B \oplus 1) \cdot \frac{\mathrm{d}M}{\mathrm{d}B} \cdot \frac{\mathrm{d}P}{\mathrm{d}M} = 1$$

$$(B \oplus 1) \cdot C \cdot \overline{L} = 1$$

In komplexen kombinatorischen Schaltungen können Fehler meist zu mehreren Ausgängen propagiert werden. Dadurch steigt die Aussicht ein Testmuster zu finden, welches die Testbarkeitsbedingung (3.1.1.12) erfüllt. Die Zahl der Dominatoren und der daraus ableitbaren zwangsläufigen Wertzuweisungen wird jedoch reduziert. Für Fehlerort *F* der Schaltung gemäß Abb. 3.1.5.2 ist *F* beispielsweise der einzige Dominator und es können keine zusätzlichen Wertzuweisungen abgeleitet werden.

Grüning et. al. /GRUE90/ haben 1990 vorgeschlagen für die Testmusterberechnung immer je einen Schaltungsausgang auszuwählen und jeweils die Testmusterberechnung für jene Fehlerorte durchzuführen, von welchen ein Pfad zu dem gewählten Ausgang führt. Durch den gewählten Ausgang ist dabei ein Kegel definiert, der alle Fehlerorte beinhaltet, welche der Ausgang dominiert. Der Kegel ist eine Teilschaltung der Gesamtschaltung. Nachdem alle Schaltungsausgänge bearbeitet wurden, ist die Testmusterberechnung abgeschlossen. Abb. 3.1.5.3 zeigt den Kegel für den Ausgang *P*.

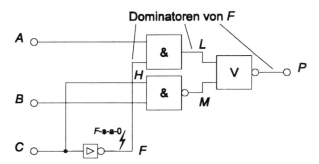

Abb. 3.1.5.3:   Kegel für Ausgang P und Dominatoren von F

In der Teilschaltung hat F jetzt zwei weitere Dominatoren L und M, aus welchen zwangsläufige Wertzuweisungen $A=1$ und $M=0$ abgeleitet. Im Mittel war bei den von Grüning untersuchten Beispielschaltkreisen die Zahl der Dominatoren eines Fehlerorts um den Faktor 2 höher wenn die Testmusterberechnung kegelorientiert erfolgte.

Die Grundidee der Erhöhung der zwangsläufigen Wertzuweisungen ist von Mahlstedt /MAH90/ im gleichen Jahr aufgegriffen worden. Er führt dazu den Propagationsgraphen, einen Teilgraphen der Schaltung ein. Der Propagationsgraph enthält zunächst alle Pfade vom Fehlerort zum gewählten Ausgang der Schaltung. Hierin werden am Anfang der Testmusterberechnung, wie von Kirkland und Mercer /KIR87/ gezeigt, zunächst die strukturellen Dominatoren des Fehlerorts sichtbar. Die zur Fehlererzeugung und Fehlerpropagierung notwendigen Signalwerte an Fehlerort und an den Dominatoren führen im Laufe der Implikation zu weiteren Wertzuweisungen, welche bewirken, daß ein Fehler nicht mehr auf allen Pfaden des Propagationsgraphen zum Ausgang propagiert werden kann. Jenen Pfade werden aus dem Propagationsgraphen entfernt. Der neuentstandene Propagationsgraph ist Teilgraph des alten Propagationsgraph und damit wiederum ein Teilgraph der Schaltung. Weist der neue Propagationsgraph infolge des Wegfalls einzelner Pfade jetzt weitere Knoten als Dominatoren aus, könne dort zusätzliche zwangsweise Wertzuweisungen erfolgen.

Alternativ hierzu habe Schulz et. al. /SCH88/ vorgeschlagen die Effizienz der Implikationsprozedur durch vorgeschaltete Lernverfahren zu verbessern. Das Konzept wird an der in Abb. 3.1.5.4 dargestellten Teilschaltung verdeutlicht.

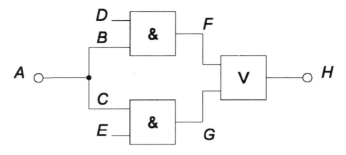

Aus (A=0) => (H=0) folgt (H=1) => (A=1).

Abb. 3.1.5.4:   Lernverfahren zur Erweiterung der Implikation nach /SCH88/

Bei unbekannten Werten der Signale A, D und E kann lokal aus der Forderung H=1 kein Wert für die Signale F oder G abgeleitet werden. Andererseits kann in einer vorbereitenden Phase gelernt werden, daß aus A=0, D=X und E=X folgt H=0. Die Aussage $(A = 0) \Rightarrow (H = 0)$ kann invertiert werden zu $(H = 1) \Rightarrow (A = 1)$. Damit kann im obigen Beispiel aus der Forderung H=1 eine weiter Wertzuweisung A=1 abgeleitet werden.

3.2   Testmusterberechnung für sequentielle Schaltungen

Ausgangspunkt der Betrachtungen ist eine Darstellung der fehlerfreien und der fehlerhaften
Schaltung als Huffman-Automat (Abb. 3.2.1).

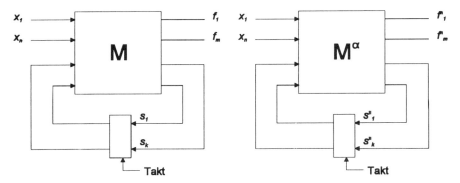

Abb. 3.2.1:   Fehlerfreie Maschine M und feherhafte Maschine M^{α}

Ein Fehler wird erkannt, wenn es eine Folge $\vec{x}(i)$, i=1,...,r, gibt, die bei gleichem Anfangszustand $\vec{s}(\vec{x},i=0)$ unterschiedliche Ausgangsfolgen $\vec{f}(\vec{x},i=1,...,r)$ und
$\vec{f}^{\alpha}(\vec{x},i=1,...,r)$ verursacht.

Achtung: Unterschiedliche Anfangszustände können auch bei gleichen Maschinen
                  unterschiedliche Ausgangsfolgen bewirken. Für den Test sind die
                  Maschinen auf einen bekannten Anfangszustand zu initialisieren.

Eine Folge, welche eine Maschine M unabhängig von Anfangszustand in einen definerten
Zustand überführt heißt "homing sequence". Durch Anwendung einer homing sequence
vor dem Test kann die obige Bedingung hinsichtlich eines definierten Anfangszustands vor
Anwendung der Testfolge $\vec{x}(i)$ gewährleistet werden.

Eine einfache homing sequence ist z.B. ein Reset aller Flip-Flops. Schieberegister der
Länge k können durch serielles Laden von k Datenbits in einen definierten Zustand überführt
werden. Die homing sequence hat im ersten Fall die Länge 1 und beim Schieberegister die
Länge k.

Es werden jetzt für Folgen zunehmender Länge die Bedingungen aufgestellt, unter
welchen ein Fehler im betrachteten Automaten genau am Ende der Folge erkannt werden.

Ein Fehler in einem Automaten M mit Anfangszustand $\vec{s}(t=0)$ wird durch eine Folge der Länge 1 erkannt, wenn es ein Eingangsmuster $\vec{x}(t=1)$ gibt mit der Eigenschaft:

$$\vec{f}(\vec{x}(t=1),\vec{s}(t=0)) \oplus \vec{f}^{\alpha}(\vec{x}(t=1),\vec{s}(t=0)) \neq \vec{0} \qquad (3.2.1)$$

Als nächstes werden Folgen der Länge 2 betrachtet. Ein Fehler in einem Automaten M wird durch eine Folge $\vec{x}(t)$ der minimalen Länge 2 erkannt, wenn für das letzte Element der Ausgangsfolge $\vec{f}(t=2)$ gilt:

$$\vec{f}(\vec{x}(t=2),\vec{s}(\vec{x}(t=1),\vec{s}(t=0))) \oplus \vec{f}^{\alpha}(\vec{x}(t=2),\vec{s}^{\alpha}(\vec{x}(t=1),\vec{s}(t=0))) \neq \vec{0} \qquad (3.2.2)$$

Durch Iteration erhält man analog:
Ein Fehler in einem Automaten M wird durch eine Folge $\vec{x}(t)$ der minimalen Länge k erkannt, wenn für das letzte Element der Ausgangsfolge $\vec{f}(t=k)$ gilt

$$\vec{f}(t=k),\vec{s}(\vec{x}(t=k-1),\vec{s}(\dots ,\vec{s}(t=0)\dots) \oplus \vec{f}^{\alpha}(\vec{x}(t=k),\vec{s}^{\alpha}(\vec{x}(t=k-1),\vec{s}^{\alpha}(\dots ,\vec{s}(t=0)\dots) \neq \qquad (3.2.3)$$

Die Berechnung einer Folge $\vec{x}(t)$, welche einen Fehler in einem Automaten M erkennt kann jetzt durch Lösen der Gleichung 3.2.3 erfolgen, wobei die Folgenlänge k beginnend bei 1 sukzessive erhöht wird, bis eine Lösung gefunden ist. An die Stelle der Automatenbeschreibung tritt hierbei die Netzliste einer kombinatorischen Schaltung. Diese Netzliste wird durch Iteration aus den Netzliste der Schaltungen für die Folgezustandsfunktion und die Ausgangsfunktion des Automaten gewonnen. Abb. 3.2.2 verdeutlicht dies für eine Folgenlänge 3.

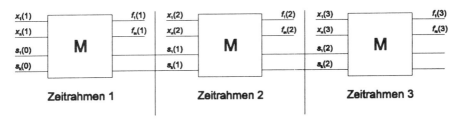

Abb. 3.2.2:   Iteration einer sequentiellen Schaltung zum Zwecke der Testmusterberechnung

Eine obere Grenze hinsichtlich der Zahl der notwendigen Iterationen erhält man aus einer Betrachtung der Zahl der Zustände des fehlerfreien Automaten M und des fehlerhaften Automaten M^{α}. Es wird von einer binären Kodierung des Zustands $\vec{s}(t) = (s_1(t), \dots ,s_k(t))$, d.h. $s_i(t) \in \{0,1\}$, ausgegangen. Jeder Automat hat dann 2^k mögliche Zustände. Es gibt somit $2^k \cdot 2^k = 4^k$ mögliche Kombinationen von Zuständen der Automaten an den jeweiligen Grenzen der Zeitrahmen. Hieraus folgt unmittelbar, daß spätestens nach 4^k Iterationen eine vorherige Zustandskombination wieder auftreten muß. Konnte der Fehler beim ersten Auftreten dieser Zustandskombination nicht zu einem der Schaltungsausgänge propagiert werden, dann ist es jetzt ebenfalls nicht möglich. Die Testmusterberechnung kann somit spätestens nach 4^k Iterationen abgebrochen werden.

Existiert für einen Automaten eine homing sequence, kann ihre Berechnung in einem Schritt mit der Testmusterberechnung erfolgen. Als Anfangszustand wählt man $\vec{s}(0) = (X, \dots ,X)$. Die Berechnung der Folge erfolgt z.B. mit Hilfe eines impliziten Enumerierungsalgorithmus wie PODEM (vergl. Kap. 3.1.4). Man beachte, daß der Fehler entsprechend der Zahl der Iterationen der Schaltung mehrfach zu berücksichtigen ist.

Für Schaltungen ohne homing sequence können auf die vorgestellte Weise keine Testmusterfolgen ermittelt werden. Beispiele für derartige Schaltungen sind z.B. steuerbare Auf/Abwärtszähler oder einfache Toggle-Flip-Flops. Abb. 3.2.3 zeigt den Zustandsgraphen eines Zählers.

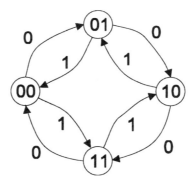

Abb. 3.2.3:   Zustandsgraph eines Auf/Abwärtszählers ohne homing sequence

Der Zähler kann durch eine Folge $\vec{X} = 00001111$ zwar geprüft werden, eine eindeutige Ausgangsfolge kann jedoch nicht angegeben werden. Die Ausgangsfolge hängt vom Anfangszustand ab. Dies ist mit dem gewählten Modell des Testablaufs jedoch nicht verträglich (vergl. Kap. 2.).

4 Fehlersimulation

Durch die Fehlersimulation wird für eine gegebene Schaltung, ein gegebenes Fehlermodell und eine gegebene Testmusterfolge ermittelt, welche Fehler an den Schaltungsausgängen beobachtet werden können. Das Verhältnis der Zahl der durch die gegebene Testmusterfolge erkennbaren Fehler zur Gesamtzahl der modellierten Fehler wird als Fehlererkennungsgrad *FE* bezeichnet.

$$FE = \frac{\# \text{ erkannte Fehler}}{\# \text{ modellierte Fehler}} \qquad (4.1)$$

Die Fehlersimulation bildet damit eine quantitatives Hilfsmittel zur Beurteilung von (z.B. manuell erstellten) Testsätzen. Dies ist immer dann von Bedeutung, wenn automatische Verfahren zur Testmusterberechnung nicht benutzt werden können, weil die Schaltung oder das Fehlermodell wie im Falle von CMOS-Unterbrechungsfehlern asynchrone Elemente enthält.

Die Fehlersimulation ist darüberhinaus häufig ein integraler Bestandteil von automatischen Testmusterberechnungsprogrammen. Nach der Berechnung eines Testmusters für einen ausgewählten Fehler wird durch Fehlersimulation ermittelt, welche Fehler durch das berechnete Testmuster zusätzlich erkannt werden. Die Zahl der Fehler, für welche explizit Testmuster zu berechnen sind, wird dadurch im allgemeinen auf weniger als 10% der Gesamtzahl der modellierten Fehler reduziert. Der im Vergleich zur Testmusterberechnung deutlich geringere Rechenaufwand für die Fehlersimulation führt in der Kombination der beiden Verfahren zu merklichen Reduzierungen der Gesamtkosten /DAE89a/.

4.1   Simulationsmethoden

Für die Simulation von digitalen Schaltungen auf der Ebene von Gattern finden zwei Simulationsverfahren bevorzugt Einsatz. Sie unterscheiden sich in der Art der Steuerung der Simulation.

Bei der übersetzer- oder compilergesteuerten Simulation werden für jeden zu betrachtenden Zeitpunkt in Signalflußrichtung alle Signale in der Schaltung neu berechnet. Bei kombinatorischen Schaltungen startet die Berechnung an den primären, d.h. nach außen sichtbaren, Schaltungseingängen und endet an den primären Schaltungsausgängen. Bei sequentiellen Schaltungen erfolgt die Berechnung von den primären Schaltungseingängen und den Flip-Flop-Ausgängen zu den primären Schaltungsausgängen und den Flip-Flop-Eingängen. Die Werte an den Flip-Flop-Eingängen werden zum Ende eines zu simulierenden Taktzyklus zu den Flip-Flop-Ausgängen übernommen. Die Flip-Flop-Eingänge und Ausgänge werden dadurch wie sekundäre Schaltungsausgänge und -eingänge behandelt. Da die Signalflußrichtung in der Schaltung bekannt ist, ist es möglich die Anweisungen zur Berechnung der Signale vor der Simulation zu generieren und sie in der beschriebenen Weise zu sortieren. Mit Hilfe eines Compilers kann dann ein Unterprogramm erzeugt werden, welches in das Simulationsprogramm eingebunden wird. Die Reihenfolge der Berechnungen im Unterprogramm ist jene, welche der Compiler erzeugt hat. Eine gesonderte Steuerung der Berechnung findet somit nicht statt.

Zur Ermittlung der Reihenfolge der Berechnungen wird von einer Darstellung der Schaltung als gerichteter Graph ausgegangen. Den primären und sekundären Schaltungseingängen und Ausgängen sowie den Gattern entspricht je ein Knoten des Graphen. Eine gerichtete Kante existiert für jede Verbindung von einen primären oder sekundären Schaltungseingang zu einem Gattereingang oder primären oder sekundären Schaltungsausgang sowie für jede Verbindung von einen Gatterausgang zu einem primären oder sekundären Schaltungsausgang. Das Sortieren in Signalflußrichtung erfolgt jetzt nach folgendem Algorithmus:

1.   Weise alle Knoten den Level -1 zu.
2.   Weise den primären und sekundären Eingängen den Level 0 zu.
3.   Berechne für alle anderen Knoten j mit Vorgängern i den Level
       $level (j) = \max (level (j), level (i) + 1)$
       bis sich kein Level mehr ändert.
4.   Sortiere die Anweisungen zur Neuberechnung von Signalwerten nach aufsteigenden Levelwerten der zugehörigen Knoten im Graphen.

Abb. 4.1.1 zeigt das Blockschaltbild eines Volladdierers nebst zugehörigem gerichteten Graphen und generierter Simulationsroutine.

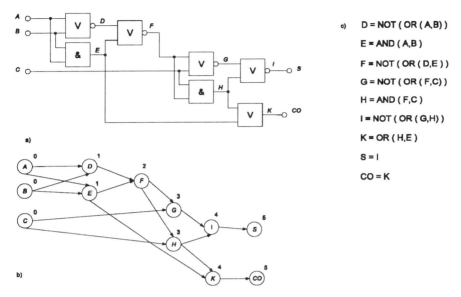

Abb.4.1.1:   Volladdierer als a) Blockdiagramm, b) gerichteter Signalflußgraph und c) compilergesteuerte Simulationsroutine

Die compilergesteuerte Simulation wird überwiegend dann eingesetzt, wenn nur die Signalwerte am Ende eines Taktzyklus betrachtet werden und eine höhere zeitliche Auflösung nicht erforderlich ist. Das Zeitverhalten der Gatter wird nicht berücksichtigt.

Die ereignisgesteuerte Simulation ist das zweite vielfach vorzufindende Simulationsverfahren. Der Schaltungszustand wird auch hier zu aufeinanderfolgenden äquidistanten Zeitpunkten 1T, 2T, 3T, ... betrachtet. Das Zeitintervall T bestimmt die gewünschte zeitliche Auflösung. Die Berechnung des Wertes des Ausgangssignals eines Gatters erfolgt bei der ereignisgesteuerten Simulation jedoch nicht für jeden Zeitpunkt sondern nur dann, wenn sich eines der Eingangssignale eines Gatters geändert hat. Die Änderung des Ausgangssignals wird erst nach der spezifizierten Verzögerung aktiv. Je feiner die gewünschte zeitliche Auflösung T gewählt wird, umso geringer wird die Zahl der Signale, welche zu einem betrachteten Zeitpunkt ihren Wert ändern. Soule und Blank /SOU87/ haben 1987 herausgefunden, daß bei Schaltungen mit 5000 Gattern bei 50% aller Simulationszeitpunkte weniger als 5 Signale den Wert ändern. Immer dann, wenn eine feinere als durch die Taktperiode vorgegeben zeitliche Auflösung erforderlich ist, oder aber eine nicht durch einen Takt synchronisierte Schaltung simuliert werden soll, ist ein ereignisgesteuerter Simulationsansatz vielfach vorzufinden. Abb. 4.1.2 zeigt die Vorgehensweise bei der ereignisgesteuerten Simulation.

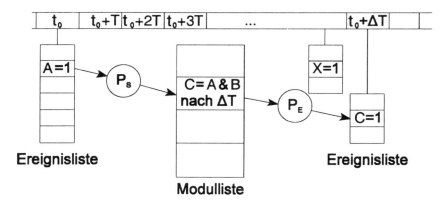

Abb. 4.1.2:   Prinzipieller Ablauf bei der ereignisgesteuerten Simulation

Der Simulator führt eine Liste aller Zeitpunkte, zu welchen Signale ihren Wert ändern. Jedem Zeitpunkt t ist eine Ereignisliste zugeordnet. Sobald ein Simulationszeitpunkt t_0 erreicht ist, werden die in der Ereignisliste aufgeführten Signale auf die spezifizierten Werte gesetzt und alle Module, welche durch den Signalwechsel beeinflußt werden, in eine Modulliste eingetragen. Nachdem die Ereignisliste abgearbeitet ist, werden die in der Modulliste aufgeführten Berechnungen durchgeführt und entsprechend den spezifizierten Verzögerungen ΔT_i Ereignisse in den zu Zeitpunkten $t_0 + \Delta T_i$ gehörenden Ereignislisten aufgenommen. Nachdem alle Module bearbeitet sind, können die Modulliste und die zu t_0 gehörende Ereignisliste gelöscht und die Simulationszeit auf den nächsten Zeitpunkt in der Liste erhöht werden. Der Berechnungsvorgang wiederholt sich von hieran, bis keine Einträge in der Ereignisliste mehr vorliegen oder das Ende der Simulationszeit erreicht ist. Verfahren zur effizienten Verwaltung der Listen /PHIL78/ sind entscheidend für die Simulationsgeschwindigkeit beim ereignisgesteuerten Verfahren.

4.2   Serielle Fehlersimulation

Bei der seriellen Fehlersimulation wird für jeden Fehler eine eigene Variante der Beschreibung der Schaltung erzeugt. Die fehlerfreie und die fehlerbehaftete Variante der Schaltung werden nacheinander, d.h. seriell, simuliert und die Ausgangsfolgen gespeichert.. Anschließend werden die Ausgangsfolgen der fehlerhaften Schaltungsvarianten mit der Ausgangsfolge der fehlerfreien Schaltung verglichen. Sind die Folgen verschieden, wird der zur fehlerhaften Folge gehörige Fehler als erkannt markiert.

Der Rechenaufwand für die Fehlersimulation ist beträchtlich. Betrachtet werde zunächst nur die Zeit zur Fehlersimulation eines Taktzyklus einer sequentiellen Schaltung. Geht man von einer mittleren Rechenzeit von T_{SG} je Gatter und einer Schaltungsgröße von N Gattern aus, ergibt sich je Schaltungsvariante ein Rechenzeitaufwand von

$$T_S = N \cdot T_{SG} \quad .$$

(4.2.1)

Bei Zugrundelegung eines Haftfehlermodells und durchschnittlich 2 Eingängen je Gatter beträgt die Zahl der unter Beachtung von Fehleräquivalenz und Fehlerdominanz zu berücksichtigenden Fehler 3 pro Gatter (vergl. Kap. 1.2.3). Die Gesamtzahl der fehlerhaften Schaltungsvarianten ist somit $3N$, und die Rechenzeit für einen Taktzyklus und alle Schaltungsvarianten ergibt sich zu:

$$T_{FSZ} = (3 \cdot N^2 + N) \cdot T_{SG}$$

(4.2.2)

Der Gesamtaufwand T_{FS} ergibt sich durch Multiplikation mit der Testlänge.

$$T_{FS} = (3 \cdot N^2 + N) \cdot T_{SG} \cdot L$$

(4.2.3)

Wird die fehlerfreie Schaltung zuerst simuliert, kann der Vergleich der Ausgangsfolge einer fehlerhaften Schaltungsvariante mit der fehlerfreien Folge parallel zur Simulation erfolgen. Dies ermöglicht, daß der Fehler als erkannt markiert und seine weitere Simulation abgebrochen wird, wenn die erste Abweichung zwischen der fehlerfreien und der fehlerhaften Folge detektiert ist. Das Abbrechen der Simulation einer fehlerhaften Schaltungsvariante, sobald der Fehler das erste Mal zu einer Abweichung der Ausgangsfolge geführt hat, bezeichnet man als fault dropping. Der Aufwand für die Fehlersimulation kann dadurch abhängig von der Schaltung um bis zu 90 % reduziert werden. Abb. 4.2.1 zeigt einen typischen Verlauf des Fehlererkennungsgrads $FE(L)$ in Abhängigkeit von der Testlänge.

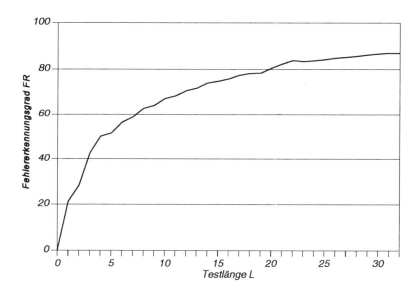

Abb. 4.2.1:   Typischer Verlauf des Fehlererkennungsgrads über der Testlänge

Eine Abschätzung des Simulationsaufwands bei fault dropping erhält man unter der Annahme, daß bei jedem Taktzyklus ein bestimmter Anteil $(1-c)$ der noch nicht erkannten Fehler erkannt wird. Die Simulationszeit beträgt dann:

$$T_{FS} = \sum_{j=0}^{L-1} (c^j \cdot 3 \cdot N + 1) \cdot N \cdot T_{SG}$$

$$= \frac{1 - c^L}{1 - c} \cdot 3 \cdot N^2 \cdot T_{SG} + N \cdot T_{SG} \cdot L \tag{4.2.4}$$

Abb. 4.2.2 zeigt die Fehlersimulationszeit T_{FS} bezogen auf $\dfrac{3 \cdot N^2 \cdot T_{SG}}{1 - c}$.

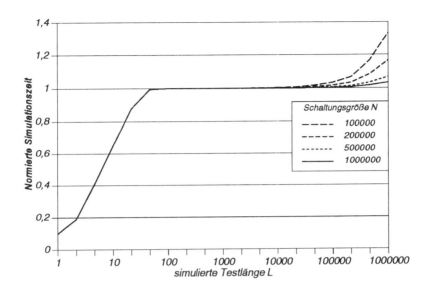

Abb. 4.2.2:   Normierte Fehlersimulationszeit $\dfrac{T_{SF} \cdot (1-c)}{3 \cdot N^2 \cdot T_{SG}}$ über der simulierten Testlänge

L, $c=0,9$

Für

$$L > \frac{\ln 3 \cdot N}{\ln c} \approx \frac{\ln 3 \cdot N}{1-c}$$

liefert der in N lineare Term den größeren Beitrag zum Anstieg der Rechenzeit mit der simulierten Testlänge.

Die quadratische Abhängigkeit der Simulationszeit von der Schaltungsgröße gilt unverändert. Nur bei sehr großen Testlängen wächst der Aufwand jedoch linear mit der Testlänge und der Schaltungsgröße.

4.3   Fehlerparallele Fehlersimulation

Die Berechnung von Signalwerte erfolgt bei der Logik- oder Fehlersimulation durch wortweise logische Verknüpfungen von Rechnerworten (16 oder 32 bit) in der arithmetisch/logischen Einheit eines Rechners. Für die Repräsentation der logischen Werte "0" oder "1" wird nur eine Stelle des Rechnerwortes genutzt. Sind mehrere fehlerhafte Varianten einer Schaltung zu simulieren, werden diese den verschiedenen Bitpositionen im Rechnerwort zugewiesen. Dadurch ist es möglich die Berechnung von Signalen für mehrere fehlerhafte Schaltungsvarianten zusammen mit der fehlerfreien Schaltung parallel durchzuführen. Abb. 4.3.1 verdeutlicht das Prinzip am Beispiel eines UND-Gatters bei einer Wortbreite von 16 bit.

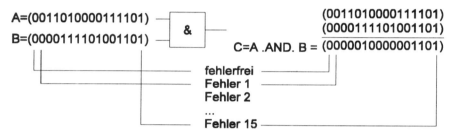

Abb. 4.3.1:   Wortparallele Berechnung von Signalwerten bei der fehlerparallelen Fehlersimulation

Dies ist jedoch nur möglich bei Gatter, welche nicht selbst fehlerhaft sind. Bei fehlerhaften Gattern werden nicht die beiden Signalwerte an den Eingängen miteinander verknüpft. Der Haftfehlerwert tritt an die Stelle eines der Signale und ist an entsprechender Stelle im Rechnerwort zu berücksichtigen. Dies ist möglich indem an den Schaltungseingängen und -ausgängen entweder "virtuelle", d.h. in der realen Schaltung nicht vorhandene, Multiplexer in die Schaltungsbeschreibung aufgenommen werden /BRE76/ oder die Berechnungsvorschrift durch zusätzliche Maskierungsoperationen erweitert wird. Durch Setzen der entsprechenden Masken wird bei der Berechnung an den zugehörigen Stellen der Fehlerwert eingeblendet. Abb. 4.3.2 verdeutlicht dies wieder für ein UND-Gatter mit zwei Eingängen A und B. Die Fehler A-s-a-0, A-s-a-1, B-s-a-0, B-s-a-1, C-s-a-0 und C-s-1 werden an den Positionen 1 bis 6 simuliert. Position 0 im Rechnerwort ist der fehlerfreien Schaltung vorbehalten.

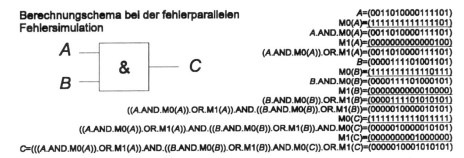

Berechnungschema bei der fehlerparallelen Fehlersimulation

$A=$(0011010000111101)
$M0(A)=$(1111111111111101)
$A.AND.M0(A)=$(0011010000111101)
$M1(A)=$(0000000000000100)
$(A.AND.M0(A)).OR.M1(A)=$(0011010000111101)
$B=$(0000111101001101)
$M0(B)=$(1111111111110111)
$B.AND.M0(B)=$(0000111101000101)
$M1(B)=$(0000000000010000)
$(B.AND.M0(B)).OR.M1(B)=$(0000111101010101)
$((A.AND.M0(A)).OR.M1(A)).AND.((B.AND.M0(B)).OR.M1(B))=$(0000010000010101)
$M0(C)=$(1111111111011111)
$((A.AND.M0(A)).OR.M1(A)).AND.((B.AND.M0(B)).OR.M1(B)).AND.M0(C)=$(0000010000010101)
$M1(C)=$(0000010001000000)
$C=(((A.AND.M0(A)).OR.M1(A)).AND.((B.AND.M0(B)).OR.M1(B)).AND.M0(C)).OR.M1(C)=$(0000010001010101)

Abb. 4.3.2:   Berücksichtigung von Haftfehlern an den Eingängen und dem Ausgang eines UND-Gatters durch zusätzliche Maskierungsoperationen bei der Signalwertberechnung

Die Masken M0 weisen an der Position, an welcher der Fehlerwert "0" gesetzt werden soll eine "0" und an allen anderen Positionen den Wert "1" auf. Das Setzen des Fehlerwertes erfolgt durch eine UND-Verknüpfung des Signalwertes mit der Maske. S-a-1-Fehler werden durch die entsprechende M1-Maske und eine ODER-Verknüpfung gesetzt. Die zusätzlichen Maskenoperationen bewirken, daß die Simulationsgescwindigkeit nicht im dem zunächst erwarteten Maße steigt.

4.4   Musterparallele Fehlersimulation

Bei der musterparallelen Fehlersimulation wird wie bei der fehlerparallelen Fehlersimulation (Kap. 4.3) von der Möglichkeit der wortweisen Verknüpfung von Signalen Gebrauch gemacht. Den einzelnen Positionen im Maschinenwort werden hier jedoch nicht verschiedene Varianten der fehlerhaften Schaltung, d.h. verschieden Fehler, zugeordnet sondern Testmuster, welche zu verschiedenen Zeitpunkten während der Simulation an den Eingängen der zu simulierenden Schaltung anliegenden /NAG71/.

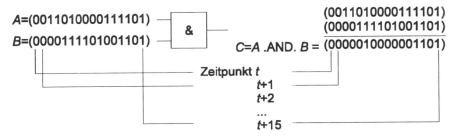

Abb. 4.4.1:   Musterparallele Simulation eines UND-Gatters /NAG71/

Bei kombinatorischen Schaltungen ist aufgrund des fehlenden Gedächtnis der Schaltung eine parallele Berechnung aller internen Signale auf einfache Weise möglich. Ein auf diesem Prinzip basierenden compilergesteuerter Fehlersimulator wurde 1985 von Köppe /KOEP85/ vorgestellt. Die Fehlerbearbeitung erfolgte seriell. Ishiura /ISH87/ hat das Konzept 1987 erfolgreich aufgegriffen und auf Vektorrechner übertragen. An die Stelle eines einzelnen Rechnerworts tritt hier ein aus bis zu 256 Worten bestehender Vektor. Die Beobachtung von Waicukauski /WAI85/, daß in kombinatorischen Schaltungen nur eine geringe Zahl, von Signalen durch den Fehler beeinflußt wird, hat zur Entwicklung von musterparallelen ereignisgesteuerten Simulatoren geführt /ANT86/. Die Zahl der beeinflußten Gatter, ca. 40, ist darüberhinaus von der Größe der Schaltung unabhängig. Auf die Ursache wird in Kapitel 6.3.2 eingegangen. Zusätzlich zur musterparallelen Verarbeitung wurde durch Waicukauski das Konzept der Einzelfehlerfortschaltung (single fault propagation) eingeführt. Dabei wird zunächst die fehlerfreie Schaltung simuliert. Anschließend wird am Fehlerort das Signal auf der Fehlerwert gesetzt und dies in die Ereignisliste eingetragen. Durch die ereignisgesteuerte Ablaufsteuerung der Simulation werden jetzt nur noch die durch den Fehler beeinflußten Signale neu berechnet. Ein Ereignis liegt immer dann vor, wenn sich das Signal darstellende Rechnerwort an beliebiger Bitposition ändert.

Durch Vektorisierung der musterparallelen Einzelfehlerfortschaltung /DAE91b/ ist es möglich große Schaltungen mit mehreren Millionen Testmustern in ca. 1 h auch auf Standardarbeitplatzrechnern zu simulieren. Tabelle 4.4.1 nennt gemessene Rechenzeiten für die Simulation von 100.000, 1.000.000 und 10.000.000 Testmuster auf einer Workstation und einem Vektorrechner.

Tabelle 4.4.1:   Rechenzeiten für die Fehlersimulation mittels vektorisierter musterparalleler Einzelfehlerfortschaltung auf Workstation (HP735) und Vektorrechner (CONVEX C38)

Schaltung	Größe (Gatter)	Fehlerzahl	Plattform	0,1 Mio. Muster	1.0 Mio. Muster	10.0 Mio. Muster
C7552	3200	6793	WS HP735	8,2 s	48 s	7 m 11 s
			CONVEX C38	12,7 s	34,7 s	3 m 46 s
S15850	5400	10664	WS HP735	29,4 s	2 m 6 s	17 m 50 s
			CONVEX C38	45 s	1 m 37 s	9 m 23 s
S38584	12640	32166	WS HP735	1 m 57 s	5 m 22 s	39 m 38 s
			CONVEX C38	3 m 3 s	4 m 53 s	22 m 45 s

1991 haben Gouders und Kaibel /GOU91/   gezeigt, daß die musterparallele Fehlersimulation prinzipiell auch auf synchrone sequentielle Schaltungen anwendbar ist.

4.5   Deduktive Fehlersimulation

1972 hat Armstrong /ARM72/ eine Methode zur Fehlersimulation vorgestellt, bei der wie bei der Einzelfehlerfortschaltung die fehlerhafte Schaltung nicht mehr vollständig simuliert wird. Bei der deduktiven Fehlersimulation wird lediglich über die durch Fehler verursachten Abweichungen von Signalwerten von ihren fehlerfreien Wert Buch geführt wird. Dazu werden die fehlerhaften Werte jedoch nicht wie bei der Einzelfehlerfortschaltung explizit berechnet, sondern es werden aus den fehlerfreien Signalwerten und der Gatterfunktion Fehlerlisten abgeleitet, welche zu einer Abweichungen von Signalwerten führen. Da Fehler vielfach nur eine geringe Zahl von Signalen /WAI85/ beeinflussen, bleibt der Umfang der jedem Signal zuzuordnenden Fehlerlisten moderat. Dies ermöglicht, daß sämtliche Fehler in einem einzigen Simulationslauf berechnet werden können. Bei der fehlerparallelen Simulationsmethode war die Zahl der in einem Durchlauf simulierbaren Fehler durch die Breite des Rechnerworts oder bei Verwendung mehrerer Worte durch den verfügbaren

Speicher beschränkt. Die deduktive Fehlersimulation kann im Gegensatz zu der von Gouders und Kaibel vorgestellten musterparallelen Methode auch für die Simulation asynchroner sequentieller Schaltungen benutzt werden. Die Vorgehensweise wird am Beispiel eines NOR-Gatters mit vier Eingängen (Abb. 4.5.1) erläutert.

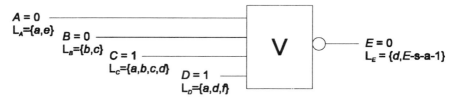

Abb. 4.5.1:   NOR-Gatter mit vier Eingängen und Fehlerlisten für die deduktive Fehlersimulation

Der Fehler a bewirkt hier, daß der Wert des Signals A 1 statt 0 und der Wert der Signale C und D 0 anstelle von 1 ist. Der Wert von E wird hierdurch nicht beeinflußt. E behält den Wert 0 und der Fehler a erscheint folglich nicht in der Fehlerliste des Signals E. Durch den Fehler d ändern die Signale C und D ihren Wert von 1 auf 0. Da weder Signal A noch Signal B durch den Fehler beeinflußt sind, werden nehmen im Fehlerfall alle Eingangssignale des Gatters den Wert 0 an und E ändert seinen Wert auf 1.

Allgemein gilt, daß ein Fehler in der Fehlerliste für den Gatterausgang erscheint, wenn er in den Fehlerlisten aller Gattereingänge erscheint, welche den Wert 0 haben und gleichzeitig in keiner Fehlerliste eines Eingangssignals erscheint, welches den Wert 1 hat. Zusätzlich ist ein Haftfehler am Gatterausgang in die Liste aufzunehmen, hier E-s-a-1. Die Berechnung der Fehlerliste für Signal E erfolgt gemäß:

$$L_E = (L_C \cap L_D) \cap \overline{L_A \cup L_B} \cup \{E\text{-}s\text{-}a\text{-}1\}$$

$$(4.5.1)$$

Für den Fall $(A,B,C,D,E)=(0,0,0,0,1)$ gestaltet sich die Berechnung einfacher. Jeder Fehler eines Eingangssignals ändert den Wert des Ausgangssignals. Es gilt folglich:

$$L_E = L_A \cup L_B \cup L_C \cup L_D \cup \{E\text{-}s\text{-}a\text{-}0\}$$

$$(4.5.2)$$

Tabelle 4.5.1 nennt die Rechenvorschriften zur Ermittlung der Fehlerlisten für die Grundgatter.

Tabelle 4.5.1:   Berechnung der Fehlermengen bei der deduktiven Fehlersimulation für Gatter mit Eingängen E_j und Ausgang A

	Grundgatter	$A = 0$	$A = 1$
1.	Inverter	$L_A = L_E \cup \{A\text{-}s\text{-}a\text{-}1\}$	$L_A = L_E \cup \{A\text{-}s\text{-}a\text{-}1\}$
2.	UND-Gatter	$= (\bigcap\limits_{\substack{j=1 \\ E_j=0}}^{k} L_{E_j} \setminus \bigcup\limits_{\substack{j=1 \\ E_j=1}}^{k} L_{E_j}) \cup \{A\text{-}s\text{-}a$	$L_A = \bigcup\limits_{j=1}^{k} L_{E_j} \cup \{A\text{-}s\text{-}a\text{-}0\}$
3.	ODER-Gatter	$L_A = \bigcup\limits_{j=1}^{k} L_{E_j} \cup \{A\text{-}s\text{-}a\text{-}1\}$	$= (\bigcap\limits_{\substack{j=1 \\ E_j=1}}^{k} L_{E_j} \setminus \bigcup\limits_{\substack{j=1 \\ E_j=0}}^{k} L_{E_j}) \cup \{A\text{-}s\text{-}a$

Verbindet man die deduktive Fehlersimulationstechnik mit der ereignisgesteuerten Simulationsmethode muß sichergestellt werden, daß nicht nur Änderungen von Signalwerten zu Änderungen der Fehlerlisten führen. Die Änderung der Fehlerliste an einem Eingang eines Gatters ohne gleichzeitige Änderung des fehlerfreien Signalwerts bezeichnet man als Fehlerereignis, welches ebenso wie der Wechsel eines Signalwerts zu einer Neuberechnung der Fehlerliste für den Gatterausgang führt.

Ein Fehler wird durch einen Test erkannt, sobald der Fehler in der Fehlerliste eines bei der späteren Messung auf dem Testautomaten beobachtbaren Schaltungsausgangs erscheint.

4.6   Nebenläufige Fehlersimulation

Die nebenläufige Fehlersimulation wurde 1973 von Ulrich und Baker vorgestellt /ULR73/. Wie bei der deduktiven Fehlersimulation werden nur die Abweichungen der fehlerhafte Schaltung von der fehlerfreien Schaltung simuliert. Alle Fehler können in einem einzigen Simulationslauf bearbeitet werden. Fehlerlisten werden hier jedoch nicht Signalen sondern Gattern zugeordnet. Jedes Gatter erhält eine Liste von fehlern, welche zu Abweichungen der Signalwerte an den Eingängen oder dem Ausgang führen. Die Liste enthält den Namen des Fehlers und die Werte der Signale (Abb.4.6.2

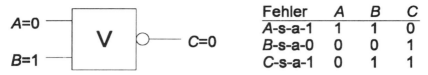

Fehler	A	B	C
A-s-a-1	1	1	0
B-s-a-0	0	0	1
C-s-a-1	0	1	1

Abb. 4.6.2:   NOR-Gatter mit zugehöriger Fehlerliste für die nebenläufige Fehlersimulation

Die Erstellung der Fehlerliste erfolgt für jeden Fehler durch explizite Berechnung der Signalwerte bzw. bei komplexeren Elementen durch Zugriff auf die Funktionstabelle. Die Liste enthält mehr Einträge als bei der deduktiven Fehlersimulation, da auch Fehler aufgeführt sind, welche nur zu einer Änderung eines Eingangssignalwerts aber nicht des Ausgangssignalwerts führen. Listenergnisse werden nur erzeugt, für Fehler, welche eine Änderung des Ausgangssignals bewirken. Die Fehler A-s-a-1, B-s-a-0 und C-s-a-0 erscheinen daher hier nicht in der Fehlerliste für das Gatter mit dem Ausgang F (Abb. 4.6.3). So wird der Umfang der Liste klein gehalten gegenüber der Gesamtzahl der simulierten Fehler.

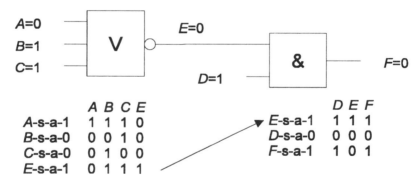

Abb. 4.6.3:   Propagierung der Fehlerlisten bei der nebenläufigen Fehlersimulation

Ändert sich der Wert eines Eingangssignals in der fehlerfreien Schaltung werden alle Einträge in der Fehlerliste des betreffenden Gatters ungültig. Der Wert des Ausgangssignals sowie die Fehlerliste müssen neu berechnet werden. Abb. 4.6.4 zeigt diese Situation für den Wechsel des Signals B von 1 auf 0 am Eingang des NOR-Gatters. Die neuberechneten Einträge in der Fehlerliste sind mit einem Stern markiert.

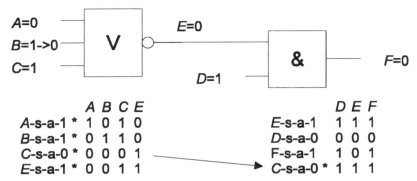

Abb. 4.6.4:   Neuberechnung der Fehlerlisten bei einem Signalwechsel B 1/0. * markiert die
Änderungen in den Fehlerlisten.

Da sich der fehlerfreie Wert des Ausgangssignals des NOR-Gatters hier nicht geändert hat
wird für das folgenden UND-Gatter nur ein Listenereignis generiert. Anders als bei der
deduktiven Fehlersimulation wird hier jedoch nicht die gesamte Fehlerliste des UND-Gatters
neu berechnet, sondern nur jener Eintrag, für welchen sich eine Veränderung ergeben hat.
Im vorliegenden Fall wird nur für den Fehler C-s-a-0 ein neuer Eintrag erzeugt. Dadurch
wird der Aufwand für die Berechnung reduziert.

4.7   Simulation mit einer Fehlerstichprobe

Unabhängig vom zugrundeliegenden Simulationsverfahren stellt sich die Frage, ob es
erforderlich ist alle modellierten Fehler zu simulieren, um den Fehlererkennungsgrad
hinreichend genau zu bestimmen. Eine vollständige Fehlersimulation komplexer Systeme
wird künftig, wenn überhaupt, nur noch mit erheblichem Kostenaufwand möglich sein. Im
Jahr 2001 rechnet man mit ca. 47 Mio. Transistoren auf einem IC/SIA94/. Bis 2010 ist ein
Anstieg auf 558 Mio. Transistoren zu erwarten. Allein die der Zahl der modellierten
Haftfehler steigt damit auf über 1 Milliarde. Schnelle Fehlersimulatoren /KOEP85, ISH87,
WAI86, DAE87b, ANT86/ für die eingeschränkte Klasse von kombinatorischen oder mit
Prüfbus /WIL73, FUN75, EIC77/ ausgestatteten Schaltungen (vergl. Kap. 5.3.1) erlauben
zwar die kritische Schaltungsgröße, bis zu der eine in Hinblick auf die Zahl der modellierten
Fehler vollständige Fehlersimulation möglich ist, um ein bis zwei Größenordnungen
hinauszuschieben, an der quadratischen Abhängigkeit der Simulationszeit von der
Schaltungsgröße ändern sie jedoch nichts. Neue schnelle Schaltkreistechnologien machen
es unumgänglich neben den bekannten Haftfehlern noch weitere Fehler /BAR83, DAE86c,

/YE88, KOEP86, LAM83, MIL88, SHEN85/ in die Modellierung und die Simulation einzubeziehen. Ein quadratischer Zusammenhang zwischen der Schaltungsgröße und der Rechenzeit ist dann nicht mehr gegeben. Sollen beispielsweise Pfadverzögerungsfehler betrachtet werden, kann die Zahl der zu simulierenden Pfadfehler bei stark vernetzten Schaltungen, wie Multiplizierern, selbst bei mäßiger Komplexität schnell oberhalb von 10^{20} Fehlern liegen /FIN89/. Eine vollständige Fehlersimulation ist hier in keinem Fall mehr möglich. Die Fehlersimulation kann nur noch mit einer Fehlerstichprobe durchgeführt werden.

Zur Ermittlung eines statistischen Modells, welches eine quantitative Beurteilung der Güte des Fehlerstichprobenverfahrens erlaubt, wird von folgender Situation ausgegangen.

Gegeben ist :
-    eine Schaltung,
-    ein Fehlermodell und
-    ein Test für die Schaltung.

Damit ist ferner festgelegt:
-    N, die Zahl der durch das Fehlermodell erfaßten möglichen Fehler in der Schaltung und
-    n, die Zahl der durch den Test erkannten Fehler.

Die Zahl n der durch den Test erkannten Fehler kann, zumindest prinzipiell, durch eine Fehlersimulation ermittelt werden. Es besteht folgender Zusammenhang mit dem Fehlererkennungsgrad FE:

$$FE = \frac{n}{N}$$

(4.7.1)

Die im folgenden zu beantwortenden Frage lautet:

    Kann bei unverändertem Fehlermodell und gleichem Test durch Simulation einer Fehlerstichprobe mit $R<N$ Fehlern der Fehlererkennungsgrad FE hinreichend genau geschätzt werden, und wie groß muß die Stichprobe sein?

Bei bekanntem Fehlererkennungsgrad $FE=n/N$ ist es möglich, die Wahrscheinlichkeit zu berechnen, mit der eine gewisse Zahl von r Fehlern in einer Stichprobe der Größe R erkannt wird. Dabei wird angenommen, daß die in der Stichprobe enthaltenen Fehler zufällig aus der Gesamtheit von N durch das Fehlermodell erfaßten Fehlern ausgewählt wird.

Es wird folgendes Urnenexperiment gemacht:

**gegeben: Schaltung, Fehlermodell, Test
=> Fehlererkennungsgrad**

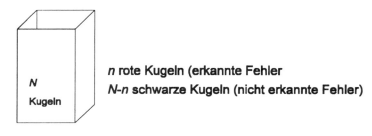

n rote Kugeln (erkannte Fehler
N-n schwarze Kugeln (nicht erkannte Fehler)

Wieviel rote Kugeln sind in einer Stichprobe von *R<N* Kugeln?

Abb. 4.7.1:   Urnenexperiment zum Fehlerstichprobenverfahren

In eine Urne werden N Kugeln gelegt. Die Kugeln repräsentieren die durch das Fehlermodell beschriebenen Fehler in einer Schaltung. Erkannte Fehler werden durch rote Kugeln repräsentiert, nicht erkannte Fehler durch schwarze Kugeln. Anschließend wird der Urne R-mal eine Kugel entnommen und festgestellt, daß die entnommene Kugel r-mal rot war. In Bezug auf das angestrebte Stichprobenverfahren für die Fehlersimulation muß hier die Frage beantwortet werden, mit welcher Wahrscheinlichkeit das Verhältnis von roten zu schwarzen Kugeln in der Stichprobe von dem Verhältnis der Kugeln in der Urne verschieden ist.

Hierzu ist es erforderlich die Wahrscheinlichkeit P_r für das Entnehmen von r roten Kugeln zu bestimmen. Es wird zunächst der Fall betrachtet, daß der Urne entnommene Kugeln nicht zurückgelegt werden, bevor eine neue Kugel entnommen wird. Es gibt $\binom{n}{r}$ Kombinationen, r aus n roten Kugeln zu ziehen. Ferner gibt es $\binom{N-n}{R-r}$ Kombinationen ohne Wiederholung von $R-r$ aus $N-n$ schwarzen Kugeln und insgesamt $\binom{N}{R}$ Kombinationen R aus N schwarzen oder roten Kugeln zu ziehen. Die Wahrscheinlichkeit, daß r von R gezogenen Kugeln rot sind, berechnet sich damit zu:

$$P_r = \frac{\binom{n}{r} \cdot \binom{N-n}{R-r}}{\binom{N}{R}}$$

$$(4.7.2)$$

Es handelt sich hierbei um die hypergeometrische Verteilung, einen Spezialfall der Pólyaschen Verteilung einer Zufallsvariablen *r*.

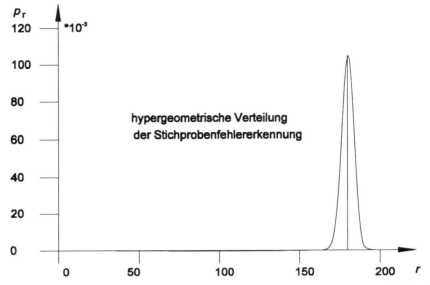

Abb. 4.7.2:   Verteilung der Zahl erkannter Fehler in eine Stichprobe der Größe 200 (Fehlererkennung 90%).

Abb. 4.7.2 zeigt die Verteilung der Zahl *r* der erkannten Fehler in einer Stichprobe der Größe 200, wenn ein Test 90% der durch das Fehlermodell erfaßten Fehlern erkennt. Die Gesamtfehlerzahl beträgt hier 1000.

Zwei wesentliche Eigenschaften von Zufallsfehlerstichproben können Abb. 4.7.2 bereits entnommen werden:

1.   Die Verteilung der erkannten Fehler in einer Zufallsstichprobe der Größe $R=200$ hat ein Maximum bei $r=180$ Fehlern. Dies entspricht genau dem Fehlererkennungsgrad $FE=n/N$.

2.   Eine Stichprobenfehlererkennung *r* von weniger als 170 oder mehr als 190 Fehlern ist unwahrscheinlich.

Ist die Gesamtfehlermenge mehr als fünfmal so groß wie die Stichprobe /DAE93/, kann näherungsweise mit einer Binomialverteilung der Zufallvariablen *r* gerechnet werden (vergl. S. 201).

$$P_r = \binom{R}{r} \cdot FE^r \cdot (1 - FE)^{R-r}$$

(4.7.3)

Gleichung (4.7.3) macht eine Aussage über die Wahrscheinlichkeit des Stichprobenfehlererkennungsgrads $FE' = \frac{r}{R}$, wenn der Gesamtfehlererkennungsgrad einen vorgegebenen Wert FE hat. FE ist hier ein Verteilungsparameter für die Wahrscheinlichkeit des Fehlererkennungsgrads FE' in der Stichprobe behandelt. Gewünscht ist jedoch eine Aussage über die Wahrscheinlichkeit des Gesamtfehlererkennungsgrads FE, nachdem ein Stichprobenfehlererkennungsgrad FE' gemessen wurde.

Das Bayessche Schätzverfahren liefert Aussagen über die Wahrscheinlichkeit des Gesamtfehlererkennungsgrads FE, wenn in der Stichprobe ein Fehlererkennungsgrad FE' gemessen wurde. Der Gesamtfehlererkennungsgrad wird folgerichtig jetzt als Zufallsvariable betrachtet, deren Wert es zu schätzen gilt. Die durch Gl. (4.7.3) angegebene Binomialverteilung für die Zahl r der erkannten Fehler in der Stichprobe wird damit zu einer bedingten Wahrscheinlichkeit $P_r = P(r|FE)$, die gilt, wenn der Fehlererkennungsgrad den Wert FE annimmt.

Ein Zusammenhang zwischen der bedingten Wahrscheinlichkeit $P(r|FE)$ und der bedingten Wahrscheinlichkeitsdichte $g(FE|r)$ für den Fehlererkennungsgrad FE, wenn r Fehler in der Stichprobe erkannt wurden, ist durch den Bayesschen Satz gegeben. In der hier relevanten Form für eine diskrete Zufallsvariable r und eine kontinuierliche Zufallsvariable FE lautet er:

$$g(FE|R) = \frac{f(FE) \cdot P(r|FE)}{\int\limits_{-\infty}^{+\infty} f(FE) \cdot P(r|FE) \cdot dFE}$$

(4.7.4)

Die in der obigen Gleichung auftauchende Wahrscheinlichkeitsdichte $f(FE)$ des Fehlererkennungsgrads ist eine Randverteilung der Zufallsvariablen (r,FE) und wird apriori-Dichte genannt. Es ist die vor Durchführung des Stichprobenexperiments anzunehmende Dichte des Fehlererkennungsgrads FE. Ist sie unbekannt, wird gemäß dem Bayesschen Postulat eine Gleichverteilung angenommen, hier:

$$f(FE) = \begin{cases} 1 & \text{für } 0 \le FE \le 1 \\ 0 & \text{für } FE < 0 \text{ oder } FE > 1 \end{cases}$$

(4.7.5)

Die Wahrscheinlichkeitsdichte $g(FE|r)$ des Fehlererkennungsgrads nach Messung, daß in der Stichprobe r von R Fehler erkannt wurden, ist dann:

$$g(FE) = \frac{1 \cdot \binom{R}{r} \cdot FE^{r} \cdot (1-FE)^{R-r}}{\int_{0}^{1} 1 \cdot \binom{R}{r} \cdot FE^{r} \cdot (1-FE)^{R-r} \cdot dFE}$$

$$= \frac{1}{B(r+1, R-r+1)} \cdot FE^{r} \cdot (1-FE)^{R-r} \tag{4.7.6}$$

Da dies die nach Durchführung des Stichprobenexperiments anzunehmende Dichte ist, spricht man auch von der aposteriori-Verteilung. Die aposteriori-Wahrscheinlichkeit des Fehlererkennungsgrads folgt hier einer Betaverteilung. Der Fehlererkennungsgrad soll zunächst durch den wahrscheinlichsten Wert FE^{*} geschätzt werden. $g(FE|r)$ wird maximal für jenen Wert $FE=FE^{*}$, für den gilt:

$$0 = \frac{dg(FE)}{dFE} = \frac{d}{dFE}\left[\frac{1}{B(r+1, R-r+1)} \cdot FE^{r} \cdot (1-FE)^{R-r}\right]$$

$$0 = r - R \cdot FE$$

Also:

$$FE^{*} = \frac{r}{R} = FE^{\prime} \tag{4.7.7}$$

Der Gesamtfehlererkennungsgrad ist mit größter Wahrscheinlichkeit gleich dem Fehlererkennungsgrad in der Stichprobe. Dieser Schätzwert ist jedoch nicht erwartungswerttreu.
Der Erwartungswert $E<FE>=m_{1}$ des Fehlererkennungsgrads berechnet sich bei der gegebenen Betaverteilung (vergl. Seite 202) zu:

$$E<FE> = m_{1} = \frac{r+1}{R+2} \tag{4.7.8}$$

Für Werte $r/R \approx 0{,}5$ entspricht der Erwartungswert dem Maximum-Likelihood-Schätzwert FE^{*}. Für $r \rightarrow 0$ ist der Erwartungswert größer und für $r \rightarrow R$ ist er kleiner als FE^{*}. Gleichung 4.7.8 quantifiziert die intuitiv einleuchtende Aussage, daß trotz eines Stichprobenfehlererkennungsgrads $FE^{\prime}=100\%$ durchaus ein geringerer Gesamtfehlererkennungsgrad $FE<100\%$ möglich ist.
   Eine Aussage über den mittleren quadratischen Schätzfehler ist mit Hilfe der Varianz $\sigma^{2}(FE)$ des Schätzwerts möglich. Werden in einer Stichprobe der Größe R r Fehler erkannt, kann der Fehlererkennungsgrad FE mit einer Varianz

$$\sigma^2(FE) = \int_0^1 (FE - E<FE>)^2 \cdot g(FE) \cdot dFE = \frac{r+1}{R+2} \cdot \frac{R-r+1}{R+2} \cdot \frac{1}{R+3}$$

$$(4.7.9)$$

geschätzt werden. Der Standardabweichung bei gemessenem Stichprobenfehlererkennungsgrad $FE' = 100\%$ kommt als asymptotischem Grenzwert bei hochwertigen Tests besondere Bedeutung bei. Hier folgt aus (4.7.9):

$$\lim_{FE' \to 100\%} \sigma(FE) \approx 1/R$$

$$(4.7.10)$$

Dies ist das Minimum der Standardabweichung. Bei Stichprobenfehlererkennungsgraden $FE' \approx 50\%$ nimmt sie ihr Maximum

$$\sigma(FE)_{max} = 0{,}5 \cdot \sqrt{1/R}$$

$$(4.7.11)$$

ein. Die beiden Gleichungen verdeutlichen, daß speziell das Schätzen hoher Fehlererkennungsgrade FE bereits mit kleinen Stichproben möglich ist. Insbesondere erfordert die Verringerung der Standardabweichung um 50% nur eine Verdoppelung des Stichprobenumfangs, wenn der Fehlererkennungsgrad gegen 100% strebt. Bei Fehlererkennungsgraden zwischen 30 und 70% wäre hierzu eine Vervierfachung der Stichprobengröße nötig. Bild 4.7.3 zeigt dies für Stichprobengrößen von 100 bis 500 Fehlern.

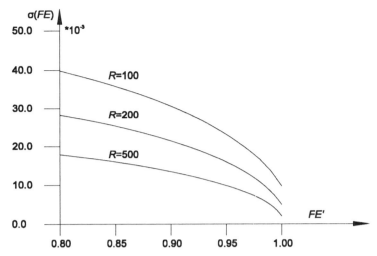

Abb. 4.7.3:   Standardabweichung des Fehlererkennungsgrads *FE* als Funktion des Stichprobenfehlererkennungsgrads *FE'* und der Stichprobengröße *R*

Abb. 4.7.4 und Abb. 4.7..5 vergleichen die Ergebnisse einer Fehlersimulation unter Verwendung einer Stichprobe von 461 Fehlern mit den Ergebnissen einer Simulation aller Haftfehler in einer Schaltung. Schaltung C2670 /BRG85/ wurde mit Testmustern simuliert, die zuvor algorithmisch berechnet worden sind.

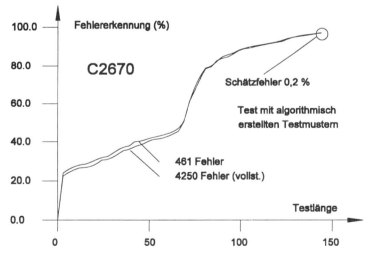

Abb. 4.7.4:   Fehlersimulation mit algorithmisch erstellten Testmustern

Bei der zweiten Schaltung, M32x32, handelt es sich um einen 32-bit Multiplizierer. Die Testmuster sind hier von Hand erstellt worden.

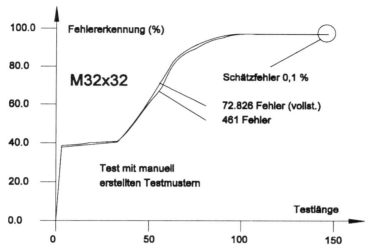

Abb. 4.7.5:   Fehlersimulation mit manuell erstellten Testmustern

5   Testbarkeitsanalyse

Bei der Fehlersimulation stand die Ermittlung des Fehlererkennungsgrads, welcher sich aus der Kombination der zu untersuchenden Schaltung und einer Menge von Testmustern ergibt, im Mittelpunkt der Überlegungen. Ob die Ursache eines möglicherweise schlechten Fehlererkennungsgrads in der Wahl eines ungeeigneten Testmustersatz oder in der Schaltung selbst begründet liegt, kann so nicht unterschieden werden. Ziel einer Analyse der "Testbarkeit" der Schaltung ist es, hierüber Auskunft zu geben und somit Hinweise auf schwer zu testende Schaltungsteile zu liefern, welche dann u.U. im Hinblick auf verbesserte Testbarkeit modifiziert werden. Erste Ansätze zur Analyse der Testbarkeit wurden von Stephenson und Grason /STE76/ bereits 1976 veröffentlicht und als Programm, TMEAS /GRASO79/, implementiert. 1979 wurde von Goldstein /GOLD79/ ein weiteres Maß, SCOAP /GOLD80/, vorgestellt, welches die Schwierigkeit, interne Signalwerte der Schaltung zu steuern und zu beobachten, durch 6-Tupel von Steuerbarkeits- und Beobachtbarkeitswerten beschreibt.

Beide Verfahren lassen außer acht, daß der Begriff der "Testbarkeit" immer im Zusammenhang mit einem Test- oder Testmustergenerierungsverfahren gesehen werden muß. Am Beispiel eines einfaches 16-fach UND-Gatter, bei dem ein Fehler erkannt werden soll, der dem Ausgang des Gatters ständig den logischen Wert "0" zuweist, wird diese Abhängigkeit deutlich. Der Fehler wird erkannt, wenn allen Eingängen der Wert "1" zugewiesen wird. Deterministische Testmustergenerierungsverfahren wie der D-Algorithmus /ROT67/, PODEM /GOE81/, FAN /FUJ83/, TOPS /KIR87/ oder CONTEST /MAHL90/ haben keine Schwierigkeit ein solches Testmuster zu ermitteln. Dem Gatter muß folglich eine gute Testbarkeit attestiert werden. Im Gegensatz zu den obengenannten Verfahren hat eine auf der Simulation von Zufallsmustern basierende Methode /CAR85/ hier deutliche Probleme ein Testmuster zu finden. Die Wahrscheinlichkeit hierfür beträgt 2^{-16}. Der Schaltung müßte also eine geringe Testbarkeit bescheinigt werden.

Im folgenden soll unter "Testbarkeit" immer Zufallsmustertestbarkeit und unter "Testbarkeit eines Fehlers" immer die Fehlererkennungswahrscheinlichkeit verstanden werden. Diese Definition wird getragen von der Beobachtung, daß das Testen von Schaltungen mit Zufallsmustern aufgrund ihren leichten Generierbarkeit /KOEN79/ und der verbesserten Fehlererkennung /MOTI83/ zunehmend an Bedeutung gewonnen und als Selbsttestverfahren Einzug in kommerzielle Mikroprozessoren /GEL86/, /VID95/ und

Chipsätze /STA89/, /PLAZ95/ und gefunden hat.

5.1   Steuerbarkeit,   Beobachtbarkeit,   und   Testbarkeit kombinatorischer Schaltungen

Bevor die Begriffe Steuerbarkeit, Beobachtbarkeit und Testbarkeit kombinatorischer Schaltungen definiert werden, sollen kurz die Bedingungen erläutert werden, unter denen ein Fehler in einer kombinatorischen Schaltung erkannt wird. Es wird angenommen, daß der physikalische Defekt, welcher zum Fehlverhalten der Schaltung führt, durch einen Haftfehler modelliert werden kann. Die Schaltung verhält sich also so, als würde einem Signal permanent der Wert $\alpha \in \{0,1\}$ zugewiesen.

Gegeben sei jetzt eine kombinatorische Schaltung gemäß Bild 5.1.1.

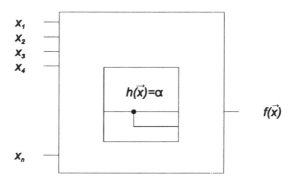

Abb. 5.1.1:   Kombinatorische Schaltung mit einem Ausgang $f(\vec{x})$ und internem Fehler h ständig $\alpha \in \{0,1,\}$

Die Eingänge der Schaltung werden durch den n-Tupel $\vec{x} = (x_1, x_2, x_3, \dots, x_n)$ beschrieben, der Ausgang sei $f(\vec{x})$. Die Schaltung weise ferner einen internen Haftfehler auf, der dem Signal $h(\vec{x})$ permanent den Wert α zuweist. Der Fehler "$h(\vec{x})$ ständig auf α" (h-s-a-α) wird erkannt, wenn die Testbarkeitsbedingung (vergl. Gl. 3.1.1.10) erfüllt ist /SEL68/:

$$T_{h\alpha}(\vec{x}) = (h(\vec{x}) \oplus \alpha) \cdot \frac{df^*(\vec{x},h)}{dh} = 1 \ , \quad T_{h\alpha} \in \{0,1\}$$

$$(5.1.1)$$

T_{ha} kann in zwei Terme h_{α} und h_d aufgespalten werden, die gleichzeitig die folgenden Bedingungen erfüllen müssen.

$$h_{\alpha} = h(\vec{x}) \oplus \alpha = 1 \;,\quad h_d = \frac{df^{*}(\vec{x},h)}{dh} = 1 \;,\quad h_{\alpha}, h_d \in \{0,1\}$$

$$(5.1.2)$$

$h_a = 1$ bedeutet, daß das Signal am Fehlerort h auf den zu α inversen Wert eingestellt werden muß. h_a wird Steuerbarkeits- oder Einstellbarkeitsbedingung genannt. Die Forderung, daß die Boolesche Differenz $h_d = df_*(\underline{x},h)/dh$ den Wert "1" einnimmt, gewährleistet, daß ein Wechsel des Wertes des Signals h am Ausgang der Schaltung beobachtbar ist. h_d wird daher als Beobachtbarkeitsbedingung bezeichnet.

Die Behandlung von Schaltungen mit mehreren Ausgängen, (Abb. 5.1.2), $f_1(\vec{x}), f_2(\vec{x}), \dots f_k(\vec{x})$ erfolgt analog.

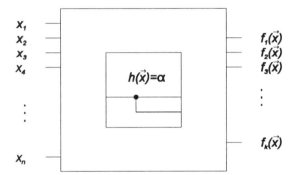

Abb. 5.1.2:   Kombinatorische Schaltung mit mehreren Ausgängen $f_1(\vec{x}), f_2(\vec{x}), \dots f_k(\vec{x})$

und internem Fehler "h ständig α"

Die Testbarkeitsbedingung T_{ha} (Gl. 2.1.1.12) lautet:

$$T_{h\alpha} = (h(\vec{x}) \oplus \alpha) \cdot \bigvee_{i=1}^{k} \frac{df_i^{*}(\vec{x},h)}{dh} = 1 \;,\quad T_{h\alpha} \in \{0,1\}$$

$$(5.1.3)$$

Sie zerfällt wieder in eine Steuerbarkeitsbedingung

$$h_{\alpha} = h(\vec{x}) \oplus \alpha = 1$$

und eine Beobachtbarkeitsbedingung.

$$h_d = \bigvee_{i=1}^{k} \frac{df_i^{*}(\vec{x},h)}{dh} = 1$$

(5.1.4)

Bild 5.1.3 zeigt die Beziehung zwischen den Mengen der Eingangsmuster $\vec{x}=\vec{u}$, welche die Einstellbarkeitsbedingung, die Beobachtbarkeitsbedingung oder die Testbarkeitsbedingung erfüllen.

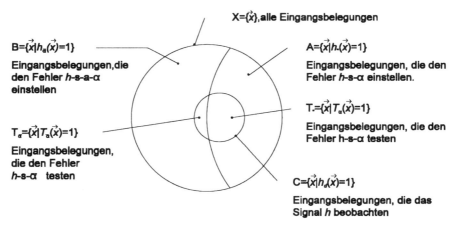

Abb. 5.1.3:   Mengen der Eingangsmuster, welche die Steuerbarkeits-, Beobachtbarkeits- oder Testbarkeitsbedingung erfüllen.

Mit X wird die Menge aller Eingangsmuster $\vec{x}$ bezeichnet. A sei die Menge der Eingangsmuster, die die Einstellbarkeitsbedingung $h_{\alpha}(\vec{x})$ für den Fehler h-s-a-α erfüllen. Die Menge der Belegungen, welche die Einstellbarkeitsbedingung $h_{\overline{\alpha}}(\vec{x})$ für dem inversen Fehler $h-s-a-\overline{\alpha}$ erfüllen sei B.

Aufgrund der Eigenschaft

$$h_{\alpha} = h(\vec{x}) \oplus \alpha = h(\vec{x}) \oplus \overline{\alpha} \oplus 1$$
$$= h_{\overline{\alpha}} \oplus 1$$

(5.1.5)

ist B das Komplement von A, $B = X \setminus A$.

Die Menge der die Beobachtbarkeitsbedingung $h_d(\vec{x})$ erfüllenden Eingangsmuster $\vec{x}$ sei C, und mit T und $T_{\overline{\alpha}}$ seien die Mengen der die Testbarkeitsbedingung für die Fehler

h-s-a-α bzw. h-s-a-$\overline{\alpha}$ erfüllenden Eingangsmuster gegeben.

Zwischen den Mengen A,B,C,T_α und $T_{\overline{\alpha}}$ bestehen jetzt folgende Beziehungen:

$$B = X \setminus A \tag{5.1.6}$$

$$B \cup A = X \tag{5.1.7}$$

$$B \cap A = \varnothing \tag{5.1.8}$$

$$T_\alpha = A \cap C = C \setminus T_{\overline{\alpha}} \tag{5.1.9}$$

$$T_{\overline{\alpha}} = B \cap C = C \setminus T_\alpha \tag{5.1.10}$$

$$T_\alpha \cap T_{\overline{\alpha}} = \varnothing \tag{5.1.11}$$

$$T_\alpha \cup T_{\overline{\alpha}} = C \tag{5.1.12}$$

Unter Testbarkeit soll im folgenden die Wahrscheinlichkeit verstanden werden, mit der ein zufällig gewähltes n-Tupel $\vec{x}$ von Eingangswerten x_i die Testbarkeitsbedingung $T_{h\alpha}(\vec{x}) = 1$ für den Fehler h-s-a-α erfüllt, d.h.

$$p_T(h\text{-s-a-}\alpha) = P(T_{h\alpha}(\vec{x})=1) \tag{5.1.13}$$

Analog wird unter Einstellbarkeit und Beobachtbarkeit die Wahrscheinlichkeit verstanden, mit der ein zufällig gewähltes n-Tupel $\vec{x}$ von Eingangswerten die Einstellbarkeits- bzw. die Beobachtbarkeitsbedingung für den Fehler h-s-a-α erfüllt.

$$p_S(h\text{-s-a-}\alpha) = P(h_\alpha(\vec{x})=1) \tag{5.1.14}$$

$$p_B(h\text{-s-a-}\alpha) = p_B(h\text{-s-a-}\overline{\alpha}) = P(h_d(\vec{x})=1) \tag{5.1.15}$$

Aufgrund obiger Mengenrelationen (5.1.6) bis (5.1.12) ergeben sich jetzt folgende Beziehungen zwischen Einstellbarkeit, Beobachtbarkeit und Testbarkeit:

$$p_S(h\text{-s-a-}\alpha) = 1 - p_S(h\text{-s-a-}\overline{\alpha}) \tag{5.1.16}$$

und

$$p_B(h\text{-s-a-}\alpha) = p_T(h\text{-s-a-}\alpha) + p_T(h\text{-s-a-}\overline{\alpha}) \tag{5.1.17}$$

Als bedingte Beobachtbarkeit des Fehlers h-s-a-α wird die Wahrscheinlichkeit bezeichnet, den Fehler beobachten zu können, wenn er eingestellt ist, d.h:

$$p_{bB}(h\text{-s-a-}\alpha) = P(h_d(\vec{x})=1 \mid h_\alpha(\vec{x})=1)$$
$$= p_T(h\text{-s-a-}\alpha) / p_S(h\text{-s-a-}\alpha) \tag{5.1.18}$$

Analog definiert man als bedingte Einstellbarkeit des Fehler h-s-a-α die Wahrscheinlichkeit, den Fehler einstellen zu können, wenn der Knoten h beobachtbar ist.

$$p_{bS}(h\text{-s-a-}\alpha) = P(h_\alpha(\vec{x})=1 \mid h_d(\vec{x})=1)$$
$$= p_T(h\text{-s-a-}\alpha) / p_B(h\text{-s-a-}\alpha)$$
$$= p_T(h\text{-s-a-}\alpha) / (p_T(h\text{-s-}\alpha) + p_T(h\text{-s-}\overline{\alpha})) \tag{5.1.19}$$

Für den Fall der Gleichwahrscheinlichkeit aller Eingangsmuster können Einstellbarkeit, Beobachtbarkeit und Testbarkeit aus den Kardinalitäten obigen Mengen berechnet werden. Es gilt dann:

$$p_s(h\text{-s-a-}\alpha) = \frac{|A|}{|X|} \tag{5.1.20}$$

$$p_s(h\text{-s-a-}\overline{\alpha}) = \frac{|A|}{|X|} = \frac{|X \backslash A|}{|X|}$$
$$= 1 - p_s(h\text{-s-a-}\alpha) \tag{5.1.21}$$

$$p_T(h\text{-s-a-}\alpha) = \frac{|T_\alpha|}{|X|} = \frac{|A \cap C|}{|X|} \tag{5.1.22}$$

$$p_T(h\text{-s-a-}\overline{\alpha}) = \frac{|T_{\overline{\alpha}}|}{|X|} = \frac{|B \cap C|}{|X|} \tag{5.1.23}$$

$$p_B(h-s-a-\overline{\alpha}) \;=\; \frac{|C|}{|X|} \;=\; \frac{|T_\alpha \cup T_{\overline{\alpha}}|}{|X|} \tag{5.1.24}$$

$$p_{bB}(h-s-a-\alpha) \;=\; \frac{|T_\alpha|}{|A|} \;=\; \frac{|A \cap C|}{|A|} \tag{5.1.25}$$

Das Ziel vielfältiger statistischer und probabilistischer Ansätze ist es, obige Wahrscheinlichkeiten zu approximieren, um Aussagen über die Testbarkeit einer Schaltung mit Zufallsmustern zu gewinnen.

Eine analytisch exakte Bestimmung von Signalwahrscheinlichkeiten scheitert, wenn man von wenigen trivialen Fällen absieht, an der Komplexität des Problem. Die Ermittlung von Signalwahrscheinlichkeiten ist auch als Zufallserfüllbarkeitsproblem bekannt. Das Zufallserfüllbarkeitsproblem besteht darin, zu bestimmen, mit welcher Wahrscheinlichkeit ein Boolescher Ausdruck bei einer zufällige Zuweisung von logischen Werten erfüllt ist. Dieses Problem gehört in die Klasse der #P-vollständigen Problem /GAR78/, d.h. es ist schwerer lösbar als bekannte NP-vollständige Probleme wie Testmusterberechnung /IBA75/, Travelling salesman oder das Auffinden von Hamiltonschen Maschen /KAR72/.

5.2 Statistische Verfahren zur Testbarkeitsanalyse

Durch eine Fehlersimulation mit allen möglichen Eingangsmuster ist es grundsätzlich möglich, die Zahl der einen Fehler einstellenden oder ihn beobachtbar machenden Eingangsmuster $\vec{x} = (x_1, x_2, ..., x_n)$ und damit Einstellbarkeit, Beobachtbarkeit und Testbarkeit eines Fehlers zu ermitteln. In der Praxis wird dieses Unterfangen jedoch an den beträchtlichen hierfür benötigten Rechenzeiten scheitern. Bereits bei einem 16-bit Rechenwerk mit 16 möglichen Befehlen wären $16 \cdot 2^{2 \cdot 16} \approx 64 \cdot 10^9$ verschiedene Eingangsmuster zu simulieren. Ziel statistischer Verfahren ist es daher, durch eine geeignete Stichprobe von Eingangsmuster eine möglichst genaue Schätzung für die oben eingeführten Begriffe Einstellbarkeit, Beobachtbarkeit und Testbarkeit zu ermöglichen.

5.2.1 Schätzung der Einstellbarkeit

Ein häufig benutzter Begriff neben Einstellbarkeit ist die Steuerbarkeit. Unter Steuerbarkeit wird die Fähigkeit verstanden, ein Signal $h(\vec{x})$ auf einen bestimmten Wert einstellen zu können, und unter statistischer Steuerbarkeit die zugehörige Wahrscheinlichkeit dafür, daß dies durch eine zufällig gewählte Eingangsbelegung $\vec{x}$ erfolgt. Steuerbarkeit und Einstellbarkeit sind äquivalent. Es gilt

$$
\begin{aligned}
p_S(h\text{-}s\text{-}a\text{-}\alpha) &= P(h_\alpha(\vec{x})=1) \\
&= P(h(\vec{x})\oplus\alpha=1) \\
&= P(h(\vec{x})=\overline{\alpha}) = p_{\overline{\alpha}}(h(\vec{x}))
\end{aligned}
\tag{5.2.1.1}
$$

Die Einstellbarkeit des Fehlers h-s-a-α ist gleich der Steuerbarkeit des Signals h auf den Wert $\overline{\alpha}$. Wegen $P(h(\vec{x})=1) = 1-P(h(\vec{x})=0)$ beschränkt man sich im allgemeinen auf die Angabe der Steuerbarkeit von h auf 1, welche auch als Signalgewicht bezeichnet wird.

Die Schätzung des Signalgewichts erfolgt durch ein Stichprobenexperiment, welches in der Simulation der Schaltung mit m zufällig gewählten Eingangsmustern $\vec{x}$ besteht. Zufällig bedeutet, daß jede Eingangsbelegung $\vec{x}$ mit der Wahrscheinlichkeit $P(\vec{x})$ ausgewählt wird. Nur im Fall der Unabhängigkeit der Eingangssignale der Schaltung und bei einem Signalgewicht $p_1(x_i)=0,5$ für jeden Eingang sind alle Eingangsmuster gleichwahrscheinlich. Dies ist jedoch keine zwingende Voraussetzung für das Stichprobenexperiment. Die Wahrscheinlichkeit $P(j|p_1(h))$, daß das Signal h j-mal auf den Wert "1" gesetzt wird, wenn die Schaltung mit m zufälligen Eingangsmuster beaufschlagt wird und wenn die Steuerbarkeit von h gleich $p_1(h)$ ist, ist binomial verteilt.

$$
P(j|p_1(h)) = \binom{m}{j} \cdot p_1^{\ j} \cdot (1-p_1)^{m-j}
\tag{5.2.1.2}
$$

Mit Hilfe des Bayesschen Satzes und unter Annahme einer Gleichverteilung für die apriori-Wahrscheinlichkeit der Steuerbarkeit (Bayessches Postulat), kann jetzt die aposteriori-Dichte $g(p_1(h)|j)$ der Steuerbarkeit $p_1(h)$ bestimmt werden, wenn h im Laufe der Simulation von m zufälligen Eingangsmuster j-mal der Wert 1 zugewiesen wurde.

Die Berechnung erfolgt analog zur Ermittlung des Fehlererkennungsgrads, wie es in 1.1.6 dargelegt ist. Für die aposteriori-Dichte der Steuerbarkeit $p_1(h)$ ergibt sich damit eine Betaverteilung:

$$
g(p_1(h)|j) = \frac{1}{B(j+1,m-j+1)} \cdot p_1^{\ j} \cdot (1-p_1)^{m-j}
\tag{5.2.1.3}
$$

Die obige Beta-Verteilung erreicht ihr Maximum für

$$
\frac{dg(p_1(h)|j)}{dp_1(h)} = 0
\tag{5.2.1.4}
$$

Als Maximum-Likelihood-Schätzung $p_1^{ML}(h)$ für das Signalgewicht von h erhält man damit die relative Häufigkeit j/m , mit der dem Signal während der Simulation der Wert "1" zugewiesen wurde.

$$p_1^{ML}(h) = \frac{j}{m}$$

(5.2.1.5)

Die relative Häufigkeit j/m wird u.a. in STAFAN /JAI84/ als Schätzwert für das Signalgewicht verwendet. Die Maximum-Likelihood-Schätzung berücksichtigt nicht, daß bei einen geschätzten Gewicht $p_1^{ML}(h)$=1,0 das Signalgewicht durchaus kleiner sein kann. Entsprechendes gilt für eine Schätzung $p_1^{ML}(h)$=0,0 , obwohl ein solcher Fall während der Simulation nicht auftrat. Auch hier ist die Möglichkeit gegeben, daß das Signal den Wert "1" einnimmt. Dies wird berücksichtigt, wenn anstelle des Maximum-Likelihood-Werts $p_1^{ML}(h)$=1,0 der Erwartungswert E<$p_1(h)$> als Schätzung für das Signalgewicht benutzt wird.

$$E<p_1(h)> = \frac{j+1}{m+2}$$

(5.2.1.6)

Die Varianz $\sigma^2(p_1(h))$ ist ein Maß für den mittleren quadratischen Schätzfehler. Die Varianz der Schätzung berechnet sich zu:

$$\sigma^2(p_1(h)) = \frac{1}{m+3} \cdot \frac{j+1}{m+2} \cdot \frac{m-j+1}{m+2}$$

$$= \frac{1}{m+3} \cdot E<p_1(h)> \cdot (1-E<p_1(h)>)$$

(5.2.1.7)

5.2.2   Schätzung der Testbarkeit eines Fehlers

Eine Schätzung der Testbarkeit eines Fehler h-s-a-α mit Hilfe der Fehlersimulation ist auf ebenso einfache Weise möglich. Der Fehler wird mit einer repräsentativen Menge von m Eingangsmuster $\vec{x}$ simuliert. Dabei wird k_a-mal eine Abweichung der Signale an den Ausgänge der fehlerhaften Schaltung von der fehlerfreien Schaltung festgestellt, d.h. der Fehler h-s-a-α wird k_a-mal beobachtet. Analog zur Berechnung der Steuerbarkeit $p_1(h)$ erhält man hier für die Maximum-Likelihood-Schätzung $p_T^{ML}(h$-s-a-$\alpha)$, den Erwartungswert E<$p_T(h$-s-a-$\alpha)$> und die Varianz $\sigma^2(p_T(h$-s-a-$\alpha))$ die folgenden Ausdrücke:

$$p_T^{ML}(h-s-a-\alpha) = \frac{k_\alpha}{m} \tag{5.2.2.1}$$

$$E<p_T(h-s-a-\alpha)> = \frac{k_\alpha+1}{m+2} \tag{5.2.2.2}$$

$$\sigma^2(p_T(h-s-a-\alpha) = \frac{1}{m+3} \cdot E<p_T(h-s-a-\alpha)> \cdot (1-E<p_T(h-s-a-\alpha)>) \tag{5.2.2.3}$$

Während bei Fehlern mit guter Zufallsmustertestbarkeit der Unterschied zwischen Maximum-Likelihood-Schätzung und Erwartungswert infolge $m>k_a\gg1$ vernachlässigt werden können, ergeben sich beträchtliche Unterschiede bei schwer mit Zufallsmustern testbaren Fehlern ($p_T(h-s-a-\alpha)\approx0$). Einem Fehler, der während der Simulation der Musterstichprobe vom Umfang m kein mal an den Schaltungsausgängen beobachtet wurde ($k_a=0$), wird durch die Maximum-Likelihood-Schätzung die Fehlererkennungs-wahrscheinlichkeit

$$p_T^{ML}(h-s-a-\alpha)_{k_\alpha=0} = 0 \tag{5.2.2.4}$$

zugewiesen. Für den Erwartungswert erhält man

$$E<p_T(h-s-a-\alpha)> = \frac{1}{m+2} \tag{5.2.2.5}$$

Abb. 5.2.2.1 zeigt den Erwartungswert der Zufallsmustertestbarkeit eines Fehlers, dessen Auswirkungen nicht an den Schaltungsausgängen beobachtet werden konnten, in Abhängigkeit von der Zahl der simulierten Zufallsmuster.

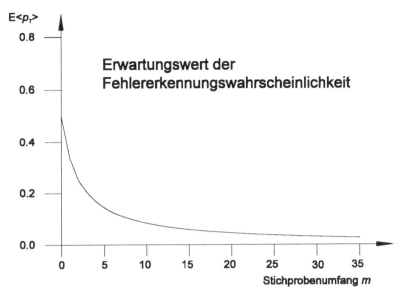

Abb. 5.2.2.1:   Erwartungswert der Fehlererkennungswahrscheinlichkeit als Funktion der Musterstichprobengröße m bei nicht erkannten Fehlern (k_α=0).

Der für m=0 ausgewiesene Erwartungswert E$<p_T(h\text{-}s\text{-}a\text{-}\alpha)>_{k\alpha=0,m=0}$=0,5 , d.h. die Schätzung bevor eine Simulation durchgeführt wurde, ist konsistent mit der Annahme einer Gleichverteilung der apriori-Dichte der Fehlererkennungswahrscheinlichkeit. Die Standardabweichung der Schätzung $\sigma(p_T(h\text{-}s\text{-}a\text{-}\alpha))_{k\alpha=0}$ ist für $m\gg 1$ gleich dem Erwartungswert.

$$\sigma\left(p_T(h-s-a-\alpha)\right)_{k_\alpha=0} \approx \text{E}<p_T(h-s-a-\alpha)>_{k_\alpha=0} \approx \frac{1}{m} \quad \text{für } m\gg 1 \ .$$

(5.2.2.6)

Bei vorgegebener absoluter Genauigkeit der Schätzung für schwer erkennbare Fehler kann damit der erforderlich Umfang m der zu simulierenden Musterstichprobe bestimmt werden.

Tabelle 5.2.2.1:   Zulässige Varianz σ und Umfang m der Zufallsmusterstichprobe

$\sigma(p_T)$	m
0,01	100
0,001	1.000
0,0001	10.000
0,00001	100.000
0,000001	1.000.000

Bei leicht erkennbare Fehlern ist die Varianz nur bedingt als Kriterium zur Ermittlung der Größe der zu simulierenden Zufallsmusterstichprobe geeignet. Fehler mit relativ hoher Zufallsmustertestbarkeit ($p_T(h\text{-}s\text{-}a\text{-}\alpha)>0{,}1$) werden beim Test einer Schaltung mit Zufallsmustern sehr schnell erkannt. Ein absoluter Schätzfehler von 0,1% hat hier keinen signifikanten Einfluß auf den Fehlererkennungsgrad und die Länge des Tests. Es liegt also nahe neben dem absoluten Schätzfehler zusätzlich den zu erwartenden mittleren relativen quadratischen Schätzfehler

$$\delta^2(p_T(h\text{-}s\text{-}a\text{-}\alpha)) \;=\; \frac{\sigma^2(p_T(h\text{-}s\text{-}a\text{-}\alpha))}{\mathrm{E}^2{<}p_T(h\text{-}s\text{-}a\text{-}\alpha){>}}$$

(5.2.2.7)

als Kriterium zur Bestimmung des Stichprobengröße m heranzuziehen. Es gilt

$$\delta^2(p_T(h\text{-}s\text{-}a\text{-}\alpha)) \;=\; \frac{1-\mathrm{E}{<}p_T(h\text{-}s\text{-}a\text{-}\alpha){>}}{m+3} \;\cdot\; \frac{1}{\mathrm{E}{<}p_T(h\text{-}s\text{-}a\text{-}\alpha){>}}$$

(5.2.2.8)

mit folgender Näherung für p_T(h-s-a.α)<0,1

$$\delta^2(p_T(h\text{-}s\text{-}a\text{-}\alpha)) \;\approx\; \frac{1}{k_\alpha+1}$$

(5.2.2.9)

Um eine relative Genauigkeit von 20% zu erreichen genügt es daher den Fehler solange zu simulieren bis er 24 mal erkannt wurde. Auf diese Weise können leicht erkennbare Fehler frühzeitig von der Simulation ausgeschlossen werden, wodurch die Fehlersimulation der Musterstichprobe beträchtlich beschleunigt wird.

5.2.3   Schätzung der Beobachtbarkeit

Da die Beobachtbarkeit eines Signals h in einer kombinatorischen Schaltung über die Boolesche Differenz h_d gemäß 5.1.2 oder 5.1.4 definiert wurde, ist eine direkte Messung der Häufigkeit, mit welcher der Knoten h bei Beaufschlagung der Schaltungseingänge mit einer Stichprobe von Eingangsmuster $\vec{x}$ beobachtbar war, mit Hilfe eines Fehlersimulators nicht möglich. Es besteht jedoch die Möglichkeit die Häufigkeit k_B, mit der der Knoten h beobachtbar war, aus den Häufigkeiten k_α und $k_{\overline{\alpha}}$ für die Erkennung der Fehler $h\text{-}s\text{-}a\text{-}\alpha$ bzw. $h\text{-}s\text{-}a\text{-}\overline{\alpha}$ zu bestimmen. Gemäß 5.1.12 ist der Knoten h immer genau dann beobachtbar, wenn ein Fehler $h\text{-}s\text{-}a\text{-}\alpha$ oder $h\text{-}s\text{-}a\text{-}\overline{\alpha}$ an den Ausgängen der Schaltung beobachtbar ist. Da gemäß 5.1.11 nie beide Fehler $h\text{-}s\text{-}a\text{-}\alpha$ und $h\text{-}s\text{-}a\text{-}\overline{\alpha}$ gleichzeitig beobachtet werden können, folgt für die Häufigkeit k_B der Beobachtbarkeit des Knoten h:

$$k_B = k_\alpha + k_{\overline{\alpha}}$$

$$(5.2.3.1)$$

Analog zur Schätzung der Einstellbarkeit und Testbarkeit ergeben sich damit folgende Werte für die Maximum-Likelihood-Schätzung, den Erwartungswert und die Standardabweichung der statistischen Beobachtbarkeit $p_B(h)$ eines Knoten h bei Simulation mit einer Musterstichprobe vom Umfang m.

$$p_B^{ML}(h) = \frac{k_B}{m} = \frac{k_\alpha + k_{\overline{\alpha}}}{m}$$

$$(5.2.3.2)$$

$$\mathrm{E}{<}p_B(h){>} = \frac{k_B + 1}{m+2} = \frac{k_\alpha + k_{\overline{\alpha}} + 1}{m+2}$$

$$(5.2.3.3)$$

$$\sigma^2(p_B(h)) = \frac{1}{m+3} \cdot \mathrm{E}{<}p_B(h){>} \cdot (1 - \mathrm{E}{<}p_B(h){>})$$

$$(5.2.3.4)$$

5.2.4   Schätzung der bedingten Beobachtbarkeit

Zur Ermittlung der bedingten Beobachtbarkeit $p_{bB}(h\text{-}s\text{-}a\text{-}\alpha)$ eines Fehlers $h\text{-}s\text{-}a\text{-}\alpha$ in einer kombinatorischen Schaltung wird folgendes Experiment gemacht.

Ein Simulationsmodel einer kombinatorischen Schaltung wird mit m zufällig ausgewählten Eingangsmuster $\vec{x}$ beaufschlagt. Mit Hilfe eines Fehlersimulators stellt man fest, daß der Fehler h-s-a-α j mal eingestellt ($h(\vec{x}) = \overline{\alpha}$) und k_α mal an den Schaltungsausgängen beobachtet wurde ($T_{h\alpha}(\vec{x}) = 1$).

Die Wahrscheinlichkeit für ein solches Ereignis berechnet sich bei gegebener Einstellbarkeit $p_{\overline{\alpha}}$ und gegebener bedingter Beobachtbarkeit $p_{bB}(h$-s-a-$\alpha)$ zu:

$$p(k_\alpha, j | p_{\overline{\alpha}}(h), p_{bB}(h\text{-}s\text{-}a\text{-}\alpha)) = \binom{m}{j} \cdot p_{\overline{\alpha}}^{j}(h) \cdot (1 - p_{\overline{\alpha}}(h))^{m-j}$$

$$\cdot \binom{j}{k} \cdot p_{bB}(h\text{-}s\text{-}a\text{-}\alpha)^{k_\alpha} \cdot (1 - p_{bB}(h\text{-}s\text{-}a\text{-}\alpha))^{j - k_\alpha}$$

$$(5.2.4.1)$$

Es handelt sich hier um eine bedingte Wahrscheinlichkeit, da obiger Ausdruck nur gilt, wenn $p_{\overline{\alpha}}(h)$ und $p_{bB}(h$-s-a-$\alpha)$ die angenommenen Werte haben. Aus der bedingten Wahrscheinlichkeit für die Messung der Häufigkeiten k_α und j kann jetzt mit Hilfe des Bayesschen Satzes wieder eine aposteriori Wahrscheinlichkeitsdichte $g(p_{bB}(h$-s-a-$\alpha) | k_\alpha, j)$ für die bedingte Beobachtbarkeit $p_{bB}(h$-s-a-$\alpha)$ des Fehlers h-s-a-α bestimmt werden. Dabei wird wie bei allen vorangegangen Berechnung eine Gleichverteilung für die Apriori-Dichte der bedingten Beobachtbarkeit zugrunde gelegt. Die Aposteriori-Dichte der bedingten Beobachtbarkeit weist eine Betaverteilung auf.

$$g(p_{bB}(h\text{-}s\text{-}a\text{-}\alpha) | k_\alpha, j) = \frac{1}{B(k_\alpha + 1, j - k_\alpha + 1)} \cdot p_{bB}^{k_\alpha}(h\text{-}s\text{-}a\text{-}\alpha) \cdot (1 - p_{bB}(h\text{-}s\text{-}a\text{-}\alpha))^{j - k_\alpha}$$

$$(5.2.4.2)$$

Für den Maximum-Likelihood-Schätzwert, den Erwartungswert und die Standardabweichung ergeben sich damit folgende Ausdrücke:

$$p_{bB}^{ML}(h) = \frac{k_\alpha}{j}$$

$$(5.2.4.3)$$

$$E<p_{bB}(h)> = \frac{k_\alpha + 1}{j + 2}$$

$$(5.2.4.4)$$

$$\sigma^2(p_{bB}(h\text{-}s\text{-}a\text{-}\alpha)) = \frac{1}{j + 3} \cdot E<p_{bB}(h\text{-}s\text{-}a\text{-}\alpha)> \cdot (1 - E<p_{bB}(h\text{-}s\text{-}a\text{-}\alpha)>) \quad (5.2.4.5)$$

In Übereinstimmung mit 5.1.25 wird das Verhältnis der Häufigkeit der Fehlererkennung

k_a zur Häufigkeit der Fehlereinstellung j als Maximum-Likelihood-Schätzwert ermittelt. Die Annahme der Gleichwahrscheinlichkeit aller Eingangsmuster wurde hier dabei aber fallen gelassen.

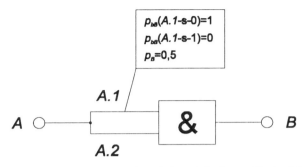

Abb. 5.2.4.1:   Vergleich von Beobachtbarkeit und bedingter Beobachtbarkeit bei einer Schaltung mit Redundanz

Die Notwendigkeit zwischen Beobachtbarkeit und bedingter Beobachtbarkeit zu unterscheiden wird durch das obige Beispiel (Abb. 5.2.4.1) verdeutlicht. Infolge der verbundenen Eingänge des Gatters ist es nicht möglich, unabhängig von einander Einstellbarkeit und Beobachtbarkeit zu erreichen. Für den Fehler "A.1-s-1" führen die Einstellbarkeits- und Beobachtbarkeitsbedingung auf einen Widerspruch. Die bedingte Beobachtbarkeit wird damit zu null.

Unterschiede zwischen Beobachtbarkeit und bedingter Beobachtbarkeit können jedoch nicht nur bei Schaltungen mit nicht erkennbaren Fehlern festgestellt werden, wie im obigen konstruierten Beispiel, sondern sie finden sich auch in Rechenwerken die mit Standardbausteinen aufgebaut sind (Abb. 5.2.4.1). Der Fehler "A2G-s-0" hat eine bedingte Beobachtbarkeit $p_{bB} \approx 0{,}001$, während der Knoten selbst mit $p_B = 0.466$ beobachtbar ist.

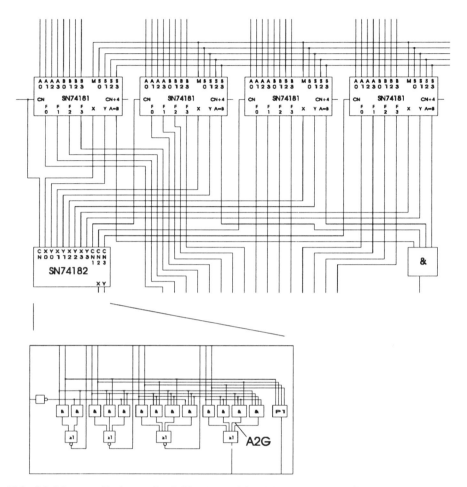

Abb. 5.2.4.2:   Rechenwerk mit Signalen (A2G) schlechter bedingter Beobachtbarkeit

Bild 5.2.4.3 verdeutlicht die Verhältnisse.

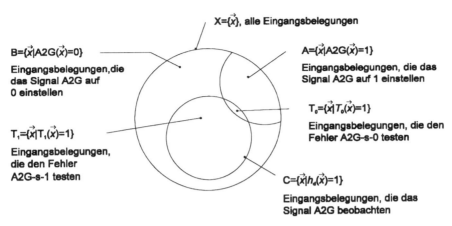

Abb. 5.2.4.3:   Steuerbarkeit und Beobachtbarkeit des Knotens "A2G"

5.2.5   Schätzung der bedingten Einstellbarkeit

Unter der bedingten Einstellbarkeit wird analog zur bedingten Beobachtbarkeit die bedingte Wahrscheinlichkeit gemäß (4.1.19) verstanden, den Fehler $h\text{-}s\text{-}a\text{-}\alpha$ einstellen zu können, wenn er beobachtbar ist. Zur Schätzung der bedingten Einstellbarkeit wird wieder ein Experiment mit einer Stichprobe von Eingangsmuster gemacht.

> Ein Simulationsmodell einer kombinatorischen Schaltung wird mit m zufällig ausgewählten Eingangsmuster $\vec{x}$ beaufschlagt. Mit Hilfe eines Fehlersimulators stellt man fest, daß der Fehler $h\text{-}s\text{-}a\text{-}\alpha$ k_α mal und der Fehler $h\text{-}s\text{-}a\text{-}\overline{\alpha}$ $k_{\overline{\alpha}}$-mal an den Schaltungsausgängen erkannt wurde.

Gemäß 5.2.3.1 folgt daraus, daß der Knoten h $k_b = k_\alpha + k_{\overline{\alpha}}$ mal beobachtbar war. Bei gegebener Beobachtbarkeit p_B und bedingter Einstellbarkeit $_{bS}p$ berechnet sich die Wahrscheinlichkeit für obiges Ereignis zu:

$$p(k_\alpha, k \mid p_B(h), p_{bS}(h\text{-}s\text{-}a\text{-}\alpha)) = \binom{m}{k} \cdot p_B^{\,k}(h) \cdot (1 - p_B(h))^{m-k}$$

$$\cdot \binom{k}{k_\alpha} \cdot p_{bS}(h\text{-}s\text{-}a\text{-}\alpha)^{k_\alpha} \cdot (1 - p_{bS}(h\text{-}s\text{-}\alpha))^{k-k_\alpha} \tag{5.2.5.1}$$

Unter Zugrundelegung einer Gleichverteilung für die Apriori-Verteilung der bedingten Einstellbarkeit ist es damit möglich, wie bereits bei der Schätzung der bedingten Beobachtbarkeit, eine Aposteriori-Verteilung für den Schätzwert der bedingten Einstellbarkeit anzugeben.

$$p_{bS}(h-s-a-\alpha)|k_\alpha,k_{\bar\alpha}) = \frac{1}{B(k_\alpha+1,k_{\bar\alpha}+1)} \cdot p_{bS}^{k_\alpha}(h-s-a-\alpha) \cdot (1-p_{bS}(h-s-a-\alpha) \quad (5.2.5.2)$$

Maximum-Likelihood-Schätzwert, Erwartungswert und Standardabweichung berechnen
sich hieraus zu:

$$p_{bS}^{ML}(h-s-a-\alpha) = \frac{k_\alpha}{k_\alpha+k_{\bar\alpha}} \quad\quad (5.2.5.3)$$

$$E<p_{bS}(h-s-a-\alpha)> = \frac{k_\alpha+1}{k_\alpha+k_{\bar\alpha}+2} \quad\quad (5.2.5.4)$$

$$;^2(p_{bS}(h-s-a-\alpha)) = \frac{1}{k_\alpha+k_{\bar\alpha}+3} \cdot E<p_{bS}(h-s-a-\alpha)> \cdot (1-E<p_{bS}(h-s-a-\alpha)> \quad (5.2.5.5)$$

5.3   Probabilistische Verfahren

Trotz der sich aus der Komplexität des Problems (#P-vollständig) ergebenden Schwierigkeit
der exakten Berechnung von Signalwahrscheinlichkeiten wurden wiederholt Anstrengungen
unternommen, effiziente Algorithmen hierfür zu entwerfen. Auf der Grundlage der
Wahrscheinlichkeitsrechnung, d.h. hier unter weitgehendem Verzicht auf Stichproben-
experimente, und unter Ausnutzung von Informationen über die Struktur der betrachteten
kombinatorischen Schaltung, werden exakte und approximative Verfahren zur Ermittlung
der Einstellbarkeit und Testbarkeit von Fehlern angegeben. Ziel der approximativen
Verfahren ist es dabei, durch geeignete Vernachlässigungen die Komplexität zu reduzieren
und den Aufwand nur noch linear mit der Schaltungsgröße wachsen zu lassen.

5.3.1   Exakte funktionsorientierte Berechnung von Signal- und Fehlererkennungs-
wahrscheinlichkeiten

Parker und McCluskey /PAR75/ haben 1975 zwei Verfahren zur analytischen Berechnung
von Signalwahrscheinlichkeiten vorgestellt. Die Arbeit basiert auf Konzepten die 1956 von
von Neumann /VNEU56/ vorgestellt wurden.

Als Wahrscheinlichkeit eines Signals h definieren sie die Wahrscheinlichkeit, daß das Signal den Wert "1" hat.

$$P(h=1) = p_h \qquad (5.3.1.1)$$

Da nur Werte $h \in \{0,1\}$ betrachte werden, kann die Wahrscheinlichkeit, daß h den Wert "0" annimmt leicht berechnet werden.

$$P(h=0) = 1-p_h \qquad (5.3.1.2)$$

Dies erlaubt bereits die Berechnung der Signalwahrscheinlichkeit des Ausgangssignals eines Invertes, wenn die Signalwahrscheinlichkeit des Eingangssignals gegeben ist.

Abb. 5.3.1.1:   Transformation der Signalwahrscheinlichkeit durch einen Inverter

Unter der Annahme der statistischen Unabhängigkeit zweier Signale h und k erhält man als Wahrscheinlichkeit für die Konjunktion beider Signale, d.h als Wahrscheinlichkeit, daß beide Signale gleichzeitig den Wert "1" haben, das Produkt der Signalwahrscheinlichkeiten,

$$P(h=1,k=1) = p_{hk} = p_h{\cdot}p_k \qquad (5.3.1.3)$$

Dies erlaubt, die Signalwahrscheinlichkeit an Ausgang eines UND-Gatters zu berechnen, wenn die Eingangssignale unabhängig und ihre Signalwahrscheinlichkeiten bekannt sind.

Abb. 5.3.1.2:   Transformation der Signalwahrscheinlichkeiten durch ein UND-Gatter bei unabhängigen Eingangssignalen

Eine Erweiterung von (5.3.1.3) auf die Konjunktion mehrerer unabhängiger Signale x_i geschieht auf einfache Weise,

$$P(z=1) = P(x_1=1, x_2=1, ..., x_i=1, ..., x_k=1)$$

$$p_z = \prod_{i=1}^{k} p_{x_i}$$

(5.3.1.4)

Mit Hilfe des DeMorganschen Theorems

$$a \lor b = \overline{\overline{a} \land \overline{b}}$$

(5.3.1.5)

sowie (5.3.1.2) und (5.3.1.4) kann auch die Wahrscheinlichkeit für die Disjunktion (ODER-Verknüpfung) mehrerer unabhängiger Signale x_i ermittelt werden.

$$P(z=1) = P(x_1=1 \lor x_2=1 \lor ... \lor x_i=1 \lor ... \lor x_k=1)$$

$$p_z = 1 - \prod_{i=1}^{k} (1-p_{x_i})$$

(5.3.1.6)

Die der Formulierung von (5.3.1.4) und (5.3.1.6) zugrunde liegenden Annahme der Unabhängigkeit von Signalen wird erfüllt bei Schaltnetzen ohne rekonvergierenden Maschen. Für diese Klasse von Schaltungen ist damit eine einfache Berechnung der Signalwahrscheinlichkeiten möglich. Der Aufwand für eine exakte Berechnung steigt nur linear mit der Schaltungsgröße. Bei Schaltkreisen mit rekonvergierenden Maschen ist in der Regel eine gegenseitige Abhängigkeit der Eingangssignale von Gattern innerhalb der Schaltung gegeben, sodaß die Anwendung obiger Gleichungen zu fehlerhaften Ergebnissen führt (Abb. 5.3.1.3).

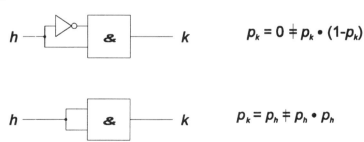

Abb. 5.3.1.3:   Einfluß von Signalabhängigkeiten auf die Signalwahrscheinlichkeit

Eine Behandlung allgemeiner Schaltnetze wird möglich durch Einführen des folgenden Spezialfalls für die Disjunktion mehrere Signale x_i. Unter der Bedingung, daß nur ein Signal $x_i=1$ ist und alle anderen Signale $x_j=0$, $j \neq i$, sind, gilt

$$P(z=1) = P(x_1=1 \lor x_2=1 \lor ... \lor x_i=1 \lor ... \lor x_k=1)$$

$$p_z = \sum_{i=1}^{k} p_{x_i}$$

$$(5.3.1.7)$$

Die Berechnung der Signalwahrscheinlichkeit p_z für ein Signal z ist jetzt auf folgenden Weise möglich:

1. Berechne aus der Schaltungsbeschreibung die Schaltfunktion $z(\vec{x})$ als Summe disjunkter Implikanten y_i ,

$$z = \bigvee_{i=1}^{k} y_i(\vec{x}) \quad .$$

$$(5.3.1.8)$$

2. Berechne die Signalwahrscheinlichkeit p_{yi} für jeden Implikanten$_i$ y gemäß (5.3.1.4).

3. Berechne die Signalwahrscheinlichkeit p_z als Summe der Signalwahrscheinlichkeiten der disjunkten Implikanten y_i gemäß (5.3.1.7).

$$p_z = \sum_{i=1}^{k} p_{y_i}$$

$$(5.3.1.9)$$

Die Entwicklung der Schaltfunktion für den Ausgang z in eine Summe disjunkter Implikanten ermöglicht einerseits, die Abhängigkeiten zwischen Signalen richtig zu erfassen, führt andererseits aber zu einem exponentiell mit der Größe der Schaltung ansteigenden Rechenzeitbedarf. Ein zweiter von den Authoren angegebener Algorithmus verzichtet auf eine Entwicklung der Schaltfunktion in disjunkte Implikanten erfordert aber eine symbolische Berechnung von Ausdrücken für die Signalwahrscheinlichkeiten:

1. Beginnend bei den Schaltungseingängen und fortschreitend zu den Ausgängen wird jedem Signal in der Schaltung ein Ausdruck für seine Signalwahrscheinlichkeit zugewiesen.

2. Den Ausgängen von Gattern wird gemäß (5.3.1.2) bis (5.3.1.6) unabhängig von eventuellen Signalabhängigkeiten ein Ausdruck für die Signalwahrscheinlichkeit als Funktion der Ausdrücke für die Gattereingänge zugewiesen.

3. Die Ausdrücke werden in Summen von Produkten entwickelt und Exponenten gestrichen.

Als Beispiel diene hier ein Multiplexer gemäß Abb. 5.3.1.4 .

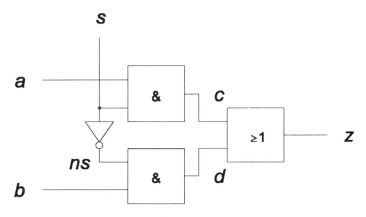

Abb. 5.3.1.4:   Multiplexer $z = a \cdot s \lor b \cdot \overline{s}$

Schritt 1:

$P(a=1)$ = p_a
$P(b=1)$ = p_b
$P(s=1)$ = p_s
$P(ns=1)$ = p_{ns}
$P(c=1)$ = p_c
$P(d=1)$ = p_d
$P(z=1)$ = p_z

Schritt 2:

p_{ns} = $1 - p_s$
p_c = $p_s p_a$
p_d = $p_{ns} p_b$
     = $(1 - p_s) p_b = p_b - p_s p_b$
p_z = $p_c + p_d - p_c p_d$
     = $p_s p_a + p_b - p_s p_b - p_s p_a p_b + p_s^2 p_a p_b$

Schritt 3: p_z = $p_s p_a + p_b - p_s p_b$

Auf den letzten Schritt, das Streichen der Exponenten kann verzichtet werden, wenn die betreffenden Signalwahrscheinlichkeiten, im obigen Beispiel p_s, die Werte 0 oder 1 annehmen. Die berechneten Signalwahrscheinlichkeiten sind damit zugleich Signalwahrscheinlichkeiten unter der Bedingung, daß das betreffende Eingangssignal den Wert 0 oder 1 hat. Mit Hilfe der Shannonschen Expansion kann dann leicht die Signalwahrscheinlichkeit des Ausgangssignals für beliebige Signalwahrscheinlichkeiten berechnet und so die Korrektheit von Schritt 3 verifiziert werden.

Wenngleich dieser Algorithmus auf das Entwickeln der Schaltfunktion in eine Summe disjunkter Implikanten verzichtet, kann ihm dennoch keine geringere Komplexität bescheinigt werden. Allein der Ausdruck für das Signalgewicht am Ausgang eines Schaltkreises zur Paritätsbestimmung hat bereits eine exponentiell mit der Zahl der Eingänge steigende Länge.

Zur Berechnung von Fehlererkennungswahrscheinlichkeiten p_T(h-s-α) ist es erforderlich neben der Beschreibung der fehlerfreien Schaltung noch über Beschreibungen der Schaltungen für jeden Fehler zu verfügen. Es wird dann die Wahrscheinlichkeit berechnet, daß die fehlerfreie und die fehlerbehaftete Schaltung bei gleichem Eingangsmuster verschiedene Signale am Ausgang haben /PAR75a/. Abb. 5.3.1.5 zeigt das grundsätzliche Vorgehen.

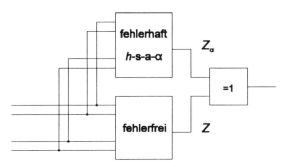

Abb. 5.3.1.5:   Pseudoschaltkreis zur Berechnung von Fehlererkennungswahrscheinlichkeiten $p_T(h\text{-}s\text{-}a\text{-}\alpha)$

Die Wahrscheinlichkeit $p_T(h\text{-}s\text{-}a\text{-}\alpha)$, mit der der Fehler "$h\text{-}s\text{-}a\text{-}\alpha$" durch ein zufälliges Eingangsmuster erkannt wird, kann hier als Signalwahrscheinlichkeit $p_s(Z \oplus Z_\alpha = 1)$ berechnet werden.

Wenngleich beide von Parker und McCluskey vorgestellten Algorithmen zur Berechnung von Signal- und Fehlererkennungswahrscheinlichkeiten sowohl die Schaltfunktion als auch die Gleichung für die Signalwahrscheinlichkeit aus einer strukturellen Schaltungsbeschreibung ermitteln, müssen sie doch als funktionsorientiert bezeichnet werden. Beide Verfahren erlauben bereits eine Ermittlung von Signalwahrscheinlichkeiten, wenn nur eine funktionale Beschreibung in Form Boolescher Gleichungen vorliegt. Andererseits wird die Kenntnis der Unabhängigkeit von Signalen, welche vielfach anhand der Struktur der Schaltung erkennbar ist, nicht genutzt um die Berechnung zu vereinfachen.

Ein Algorithmus linearer Komplexität zur Berechnung von Fehlererkennungs-wahrscheinlichkeiten wurde 1993 von Krieger, Becker und Sinkovic /KRIE93/ angegeben. Das Verfahren geht jedoch von einer Darstellung der Schaltung in Form binärer

Entscheidungsdiagramme (BDDs) aus. Das NP-harte Problem der Zufallslösbarkeit Boolescher Ausdrücke /GAR78/ wurde damit aber nicht auf ein Problem polynomialer oder gar linearer Zeitkomplexität reduziert. Die Größe der binären Entscheidungsdiagramme, welche die Schaltung repräsentieren wächst in verschiedenen Fällen (z.b. Multiplizerer) exponentiel mit der Größe der Schaltung.

5.3.2   Strukturorientierte approximative Berechnung von Signal- und Fehlererkennungswahrscheinlichkeiten

Ein Verfahren, welches die Kenntnis der Schaltungsstruktur ausnutzt, um so Aussagen über die Unabhängigkeit von Signalen zu machen, und diese dann zur Vereinfachung der Berechnung zu verwendet, wurde 1985 von Seth et. al. /SET85/ vorgestellt. Die Struktur der Schaltung wird beschrieben durch einen gerichteten Graphen G=(V,E). Bei einer kombinatorischen Schaltung ist G immer zyklenfrei. Primäre Eingänge der Schaltung sind Knoten V mit einem Eingangsgrad von null; primären Ausgänge haben einen Ausgangsgrad von null. Gatter innerhalb der Schaltung bilden die restlichen Knoten. Knoten mit einem Ausgangsgrad von mehr als eins heißen Fanout-Stämme und die herausgehenden Kanten Fanout-Zweige. Pfade, welche an einem gemeinsamen Knoten A starten und an einen gemeinsamen Knoten B enden nennt man rekonvergent in B. B ist der Rekonvergenzknoten. Als Einflußkegel eines Knoten X bezeichnet man einen Teilgraphen G'=(V',E') des Schaltungsgraphen, der alle Knoten und Kanten auf Pfaden von primären Eingängen zum Knoten X enthält.

Das Supergatter SG(X) des Knoten X ist ein Teilgraph G'=(V',E') mit den folgenden Eigenschaften:

-       X und seinen Vorgängerknoten, d.h. jene mit einer gerichteten Kante nach X sind in SG(X).
-       Wenn V ein Knoten in SG(X) ist und einer seiner Vorgänger ist in SG(X), dann sind alle Vorgänger in SG(X).
-       Für jedes Paar von Knoten v'_i und v'_j mit Eingangsgrad 0 in SG(X) gilt, daß die Einflußkegel der entsprechenden Knoten v_i und v_j im Schaltungsgraphen G=(V,E) keine gemeinsamen Knoten haben.
-       Die Mengen der Knoten V' des Supergatters SG(X) ist eine minimale Menge von Knoten mit obiger Eigenschaft.

Abb. 5.3.2.1 zeigt die Zerlegung einer einfachen kombinatorischen Schaltung in Supergatter.

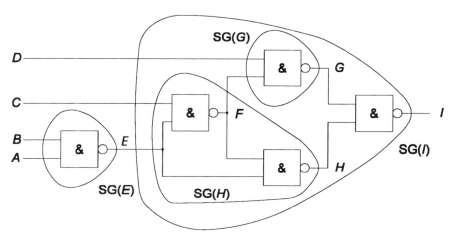

Abb. 5.3.2.1:   Zerlegung einer kombinatorischen Schaltung in Supergatter

Seth und Bhattacharia /SET86/ haben verschieden Struktureigenchaften von Supergattern aufgezeigt, insbesondere ihre Beziehung zu Dominatoren in Flußgraphen /TAR74/, von welchen bei der Testmusterberechnung /KIR87/ Gebrauch gemacht wird.

Aus der Forderung, daß die Einflußkegel der Eingänge der Supergatter keine gemeinsamen Knoten haben dürfen, folgt, daß die Eingänge der Supergatter unabhängig sind. Die Zerlegung einer Schaltung in Supergatter eröffnet damit die Möglichkeit die Signalwahrscheinlichkeiten innerhalb der einzelnen Supergatter getrennt zu berechnen, ohne den Einfluß von Rekonvergenz in anderen Supergattern berücksichtigen zu müssen.

Die Eingänge eines Supergatter werden unterteilt in intern fanoutfrei Eingänge und in solche Eingänge y_i, $1 \leq i \leq k$, von denen mehrere Pfade zum Ausgang der Supergatters existieren. Eine korrekte Berechnung der Signalwahrscheinlichkeit $P(X=1)$ des Ausgangs X des Supergatters SG(X) mit Hilfe der Gleichungen (5.3.1.1) bis (5.3.1.6) ist möglich unter der Bedingung, daß die Signalwahrscheinlichkeiten $P(y_i=u_i)$ mit $u_i \in \{0,1\}$, gleich 0 oder 1 sind. Basierend auf den so ermittelten bedingten Signalwahrscheinlichkeiten $P(X=1|\vec{x}=\vec{u})$ und der Kenntnis der Unabhängigkeit der Eingänge des Supergatters kann dann die Signalwahrscheinlichkeit für den Ausgang X berechnet werden.

$$p_X = P(X=1) = \sum_{\vec{u}} P(X=1|\vec{y}=\vec{u}) \cdot P(\vec{y}=\vec{u})$$

$$(5.3.2.1)$$

mit

$$P(\vec{y}=\vec{u}) = P(y_1=u_1) \cdot \ldots \cdot P(y_k=u_k)$$

Bei einem Supergatter mit k Eingängen y_i mit internem Fanout ist damit die Berechnung von 2^k bedingten Signalwahrscheinlichkeiten $P(X{=}1\,|\,\vec{x}{=}\vec{u})$ notwendig, um die Signalwahrscheinlichkeit p_X des Ausgangs zu ermitteln. Bei stark vermaschten Schaltungen kommt eine Berechnung von Signalwahrscheinlichkeiten gemäß (5.3.2.1) daher praktisch gleich einem Auszählen der Eingangsmuster, welche dem Ausgang den Wert 1 zuweisen. Dies trifft zu z.b. für die Berechnung des höchstwertigen Ergebnisbits des Rechenwerks gemäß Abb. 5.2.4.1. Die Eingänge des Supergatters sind hier mit den 38 primären Schaltungseingängen identisch. Es sind daher 2^{38} bedingte Wahrscheinlichkeiten $P(X{=}1\,|\,\vec{x}{=}\vec{u})$ zu ermitteln, da eine Zerlegung in weitere Supergatter nicht möglich ist.

Es wurden daher verschiedene Vorschläge gemacht, welche unter Inkaufnahme von Fehlern eine näherungsweise Berechnung der Signalwahrscheinlichkeiten erlauben. Der erste Ansatz geht davon aus, daß rekonvergente Pfade, sofern sie auftreten, nur lokale Auswirkungen haben und daß globale Rekonvergenzen damit vernachlässigt werden können. Bei der Ermittlung der Supergatter wird daher nicht der vollständige Schaltungsgraph benutzt sondern nur ein Teilgraph. Dieser Teilgraph besteht aus dem Knoten X, dessen Supergatter bestimmt werden soll. Ferner gehören alle Knoten y_i des Schaltungsgraphen zum betrachteten Teilgraph, von denen ein Pfad der Länge $T \leq T_{max}$ nach X führt.

Den gleichen Ansatz verfolgt PROTEST /WU85/. Zur Vereinfachung der Rechnung wird bei PROTEST zusätzlich eine obere Grenze der Zahl der Eingänge mit rekonvergierendem Fanout innerhalb des Supergatter festgelegt. Wird diese Grenze bei einer vorgegebenen Pfadlänge T_{max} überschritten, erfolgt die Berechnung unter Vernachlässigung des Fanouts einer Teilmenge der Eingänge. Die Auswahl der zu berücksichtigenden Eingänge mit Fanout erfolgt anhand einer Heuristik, die auf der Schätzung von Kovarianzen der Eingänge des Gatters basiert, für dessen Ausgang die Signalwahrscheinlichkeit ermittelt werden soll. Für einige Spezialfälle konnte die Optimalität dieser Auswahlheuristik nachgewiesen werden. Die weitestgehenden Vereinfachungen werden bei COP /BRG84/ gemacht. Die maximale Pfadlänge ist hier 1, d.h. gegenseitige Signalabhängigkeiten werden überhaupt nicht berücksichtigt.

Allen Verfahren gemein ist das Fehlen einer Möglichkeit zur Abschätzung der durch die Approximation eingeführten Fehler bei der Berechnung von Signalwahrscheinlichkeiten. Untersuchungen von Seth an einer Beispielschaltung haben gezeigt, daß der maximale Schätzfehler für die Signalwahrscheinlichkeit keine monoton mit der zulässigen Pfadlänge T_{max} fallende Funktion ist. Eine Ermittlung der Pfadlänge anhand vorgegebener Genauigkeitsanforderungen ist damit nicht möglich.

Die Berechnung von Fehlererkennungswahrscheinlichkeiten in Anlehnung an das in Abb. 5.3.1.5 dargestellte Prinzip ist für alle hier genannten Verfahren unpraktikabel. Unabhängig von der Struktur der ursprünglichen fehlerfreien Schaltung besteht das zum Ausgang des Vergleichers gehörende Supergatter immer aus dem gesamten Pseudoschaltkreis. Dieser Pseudoschaltkreis weist darüberhinaus entgegen den den Approximationen zugrundeliegenden Annahmen globale Rekonvergenzen auf.

Die Berechnung von Fehlererkennungswahrscheinlichkeiten erfolgt bei COP und

PREDICT auf der Grundlage eines auf der Pfadsensibilisierung aufbauenden Modell, das bereits in STAFAN /JAI84/ verwendet wurde.

Über die Größe der Fehler können keine allgemeingültigen Aussagen gemacht werden. Huisman /HUI88/ hat 1988 experimentell die Genauigkeit der von PROTEST und STAFAN ermittelten Fehlererkennungswahrscheinlichkeiten untersucht und mit einem Musterstichprobenverfahren verglichen. Beide Verfahren lieferten bei 8 untersuchten Schaltkreisen ungenauere Ergebnisse als eine Fehlersimulation mit einer Stichprobe von nur 128 Zufallsmustern. Die Ergebnisse sind auch auf PREDICT anwendbar, da die Berechnung der Beobachtbarkeiten in gleicher Weise wie in STAFAN erfolgt.

Gleichungen für eine exakte Berechnung der Fehlererkennungswahrscheinlichkeiten wurden 1986 von Seth et al. /SET86/ angegeben. Die Authoren machen bei der Berechnung der Fehlererkennungswahrscheinlichkeit an Gattereingängen davon Gebrauch, daß die in STAFAN benutzten Regeln korrekt sind, wenn den Supergattereingängen y_i mit internem Fanout feste Werte 0 oder 1 für die Signalwahrscheinlichkeiten zugewiesen werden. Die so ermittelten Fehlererkennungswahrscheinlichkeiten sind bedingte Wahrscheinlichkeiten. Sie gelten unter der Voraussetzung, daß den Eingängen y_i mit Fanout ein Wertetupel $\vec{y}=\vec{u}$ zugewiesen wurde. Durch eine mit den Wahrscheinlichkeiten dieser Wertetupel $\vec{y}=\vec{u}$ gewichtete Mittelwertbildung analog zu (5.3.2.1) wird dann die genaue Fehlererkennungswahrscheinlichkeit ermittelt. Die Ermittlung der korrekten Beobachtbarkeiten für Verzweigungsknoten innerhalb von Supergattern ist mit höherem Aufwand verbunden. Dazu wird die Boolesche Differenz an jedem Gatter auf einem Pfad zum Ausgang des Supergatters ausgewertet. Sind den Eingängen mit Fanout innerhalb des Supergatters feste Werte zugewiesen, ist eine exakte Berechnung auf einfach Weise möglich. Die Testbarkeit wird dann wieder wie bereits bei der Berechnung von Steuerbarkeit und Einstellbarkeit durch eine gewichtete Mittelwertbildung vorgenommen. Bei Supergattern mit einer großen Anzahl von Eingängen mit internem Fanout steigt damit auch hier, wie schon bei der Berechnung der Signalwahrscheinlichkeiten, der Rechenaufwand exponentiell mit der Schaltungsgröße an. Der Einfluß von Approximationen, wie sie schon für die Berechnung der Signalwahrscheinlichkeiten vorgeschlagen wurden, auf die Genauigkeit der Berechnung ist nicht untersucht.

5.4   Charakterisierung schwer erkennbarer Fehler

Die grundlegenden Beziehungen zwischen Einstellbarkeit, Beobachtbarkeit sind bereits in Bild 5.1.1 verdeutlicht. Im folgenden wird gezeigt, wie (mit Zufallsmustern) schwer testbare Fehler mit Hilfe statistischer Testbarkeitsmaße charakterisiert werden können, und welche Maßnahmen zur Verbesserung ihrer Testbarkeit beitragen.

Abb. 5.4.1 zeigt die Verteilung der Eingangsmuster für Fehler mit geringer

Einstellbarkeit $(p_S(h\text{-}s\text{-}a\text{-}\alpha) \text{--}> 0)$.

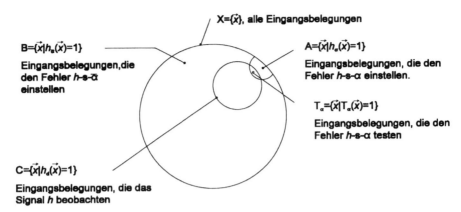

Abb. 5.4.1:   Verteilung der Eingangsmuster bei schwer einstellbaren Fehlern

Bei guter Beobachtbarkeit des Knoten h kann der Fehler nur schlecht getestet werden. Die bedingten Beobachtbarkeiten für die Fehler $h\text{-}s\text{-}a\text{-}\alpha$ und $h\text{-}s\text{-}a\text{-}\overline{\alpha}$ sind annähernd gleich groß.

Eine Erhöhung der Einstellbarkeit des Fehlers ist durch eine Schaltungsmodifikation möglich, welche über zusätzliche nur für den Test benutzte Eingänge das Signalgewicht von h verändert (Abb. 5.4.2). Eine Erhöhung der Einstellbarkeit des Fehlers geht $h\text{-}s\text{-}a\text{-}\alpha$ gemäß (5.1.16) immer einher mit einer Verringerung der Einstellbarkeit des Fehlers $h\text{-}s\text{-}a\text{-}\overline{\alpha}$. In Hinblick auf eine gleichmäßig gute Testbarkeit beider Fehler ist eine Einstellbarkeit $p_S(h\text{-}s\text{-}a\text{-}\alpha)=0,5$ daher als Optimum anzusehen.

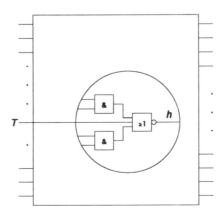

Abb. 5.4.2:   Schaltungsmodifikation zur Erhöhung der Einstellbarkeit des Fehlers $h\text{-}s\text{-}a\text{-}1$

Bei Fehlern mit geringer Beobachtbarkeit ($p_B(h) \rightarrow 0$) ergibt sich folgende charakteristische Verteilung der Eingangsmuster (Abb. 5.4.3).

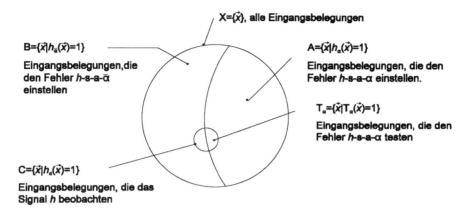

Abb. 5.4.3:   Verteilung der Eingangsmuster bei schlecht beobachtbaren Schaltungsknoten

Bei guter Einstellbarkeit beider Fehler $h-s-a-\alpha$ und $h-s-a-\overline{\alpha}$ kann der Knoten h in der Schaltung nur schlecht beobachten werden. Die Werte der bedingten Beobachtbarkeiten weisen keine signifikanten Unterschiede auf. Schaltungsmodifikationen müssen hier auf eine Verbesserung der Testbarkeit für beide Fehler $h-s-a-\alpha$ und $h-s-a-\overline{\alpha}$ zielen. Dies kann durch das Einfügen zusätzlicher Beobachtungspunkte erreicht werden (Abb. 5.4.4).

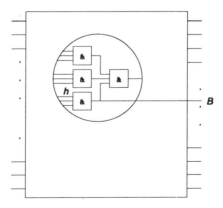

Abb. 5.4.4:   Schaltungsmodifikation zur Erhöhung der Beobachtbarkeit des Signals h

Ist eine solche Maßnahme mehrfach erforderlich, besteht die Möglichkeit die Signalwerte der Beobachtungspunkte mittels eines Exklusiv-Oder-Gatters zu verknüpfen und nur noch dessen Ausgang zu beobachten (Beispiel "A=B"-Ausgängen der Module SN74181 des Rechenwerks aus Abb. 5.2.4.1).

Fehler mit geringer bedingter Beobachtbarkeit oder Steuerbarkeit (p_{bB}(h-s-α)-->0 oder p_{bS}(h-s-α)-->0) passen in keine der bislang erwähnten Klassen.

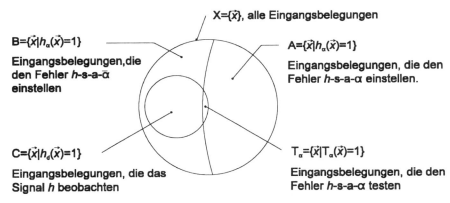

Abb. 5.4.5:   Verteilung der Eingangsmuster bei geringer bedingter Beobachtbarkeit oder Einstellbarkeit

Trotz guter Einstellbarkeit und guter Beobachtbarkeit ist der Fehler h-s-α nur schwer testbar. Abb. 5.4.5 verdeutlicht die Situation. Die Mengen **A** der den Fehler einstellenden Eingangsmuster und **C** der den Knoten h beobachtbar machenden Eingangsmuster haben nur eine sehr kleine Schnittmenge. Bei nicht erkennbaren Fehlern (Redundanzen) ist diese Schnittmenge leer. Obige Situation wird durch die geringe bedingte Beobachtbarkeit und die geringe bedingte Einstellbarkeit quantitativ erfaßt. Die bedingte Beobachtbarkeit beziffert das Verhältnis der Zahl der fehlererkennenden Eingangsmuster zur Zahl der fehlereinstellenden Eingangsmuster, während die bedingte Einstellbarkeit das Verhältnis der Zahl der fehlererkennenden Muster zur Zahl der den Knoten beobachtbar machenden Eingangsmuster darstellt.

Eine Verbesserung der bedingten Beobachtbarkeit kann erreicht werden durch Einfügen zusätzlicher Steuersignale, welche die vorhandene gegenseitige Abhängigkeit von Einstellbarkeit und Beobachtbarkeit verringern. Abb. 5.4.6 zeigt für den Fehler A2G-s-1 in der Carry-Look-Ahead-Einheit des bereits erwähnten 16-bit Rechenwerks eine geeignete Schaltungsmodifikation.

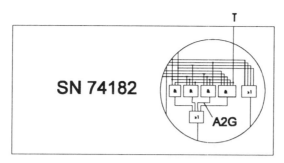

Abb. 5.4.6:   Schaltungsmodifikation zur Erhöhung der bedingten Beobachtbarkeit des Fehlers A2G-s-a-0

Sind für mehrere Fehler solche die bedingte Beobachtbarkeit erhöhenden Schaltungsänderungen erforderlich, besteht die Möglichkeit die zusätzlichen Steuereingänge zusammenzufassen, um ihre Zahl gering zu halten.

Tabelle 5.4.1:   Verteilung der schwer erkennbaren Fehler auf Fehlerklassen

Schaltung	schlecht testbar $(p_T<10^{-4})$	schlecht einstellb. $(p_T<10^{-4}, p_S<10^{-4})$	schlecht beobachtb. $(p_T<10^{-4}, p_B<10^{-3})$	schlecht bed. beob. $(p_T<10^{-4}, p_B>10^{-3}, p_{bB}<2\cdot10^{-4})$
C432	10			10 (100%)
C499	4			4 (100%)
C1355	8			8 (100%)
C1908	9		2 (22%)	7 (77%)
C2670	636	24 (3,8%)	512 (80%)	103 (16%)
C3540	195	1 (0,5%)	23 (12%)	171 (87%)
C5315	61	1 (1,6%)	2 (3,2%)	58 (95%)
C6288	70	17 (24%)	32 (45%)	21 (30%)
C7552	791	45 (3,9%)	592 (75%)	374 (32%)
Σ	1784	88 (5%)	1163 (65%)	756 (42%)

Tabelle 5.4.1 zeigt die Verteilung der schwer erkennbaren Fehler auf die drei genannten

Klassen bei neun Beispielschaltungen. Es ist deutlich, daß nur ein geringer Anteil aus einer schlechten Einstellbarkeit resultiert. Der überwiegenden Teil resultiert aus schlechter Beobachtbarkeit des Fehlers. Davon sind mehr als 1/3 der Fehler gekennzeichnet durch eine schlechte bedingte Beobachtbarkeit.

Exemplarisch duchgefürte Schaltungsmodifikationen zur Verbesserung der Testbarkeit auf der Grundlage der vorgestellten Testbarkeitsmaße an zwei kombinatorischen Schaltkreisen zeigten folgende Ergebnisse.

- Durch Einfügen eines Beobachtungspunkts und eines zusätzlichen Steuereingangs in die Schaltung C432 wurde die Zufallsmustertestlänge auf 1088 Muster bei 100% Haftfehlererkennungsgrad reduziert. Bei vorangegangenen Versuchen konnte mit einer Testlängen von 100000 Mustern nur ein Fehlererkennungsgrad von 98,7% erreicht werden.

- Bei dem in Abb. 5.2.4.1 gezeigten 16-bit-Rechenwerk wurden vier Beobachtungspunkte eingefügt und über Exklusiv-Oder-Gatter miteinander verknüpft. Ein zusätzlicher Steuereingang reichte um die Beobachtbarkeit von fünf schwer erkennbaren Haftfehler zu erhöhen. Die Zufallsmustertestlänge zur Erzielung von 100% Haftfehlererkennung veringerte sich von 6700 auf 892

Schaltungsmodifikationen zur Erhöhung der Testbarkeit mit dem Ziel der Fehlerdiagnose wurden bereits 1969 von Gaddes /GAD69/ gemacht. Arbeiten von Krishnamurthy /KRI87/, Akers /AKE77/ und Hayes /HAY74/ zielen auf eine Reduzierung der Länge deterministischer Tests. Eine Erhöhung der Zufallsmustertestbarkeit wurde erstmals 1983 von Eichelberger und Lindbloom /EIC83/ sowie 1986 von Briers und Totton /BRI86/ angestrebt, ohne daß eine geschlossenen Theorie angegeben wurde. 1989 haben Iyengar und Brand /IYE89/ Erweiterungen der in /EIC83/ genannten Techniken so wie deren Integration in ein Synthesesystem vorgestellt. Ein weiteres wichtiges Einsatzgebiet liegt in der Steuerung von Testmusterberechnungsprogrammen /AGR85, BRG84, BRG85a, DAE89, DAE89a, KRI85, IVA86, SCH88/. Testbarkeitsmaße werden hier eingesetzt um Wahlentscheidungen so zu steuern, daß die Rechenzeit minimiert wird. Wunderlich hat vorgeschlagen für den Schaltungstest mit Zufallsmustern die Signalwahrscheinlichkeiten an den Eingängen so einzustellen, daß die Zufallsmustertestlänge minimiert wird. Er gibt Verfahren zur Berechnung dieser Signalgewichte an, die auf den approximativen Testbarkeitsberechnungen von PROTEST aufbauen

6   Testfreundlicher Entwurf

Die Freiheitsgrade beim Entwurf integrierter Schaltungen können in verschiedener Weise genutzt werden. Bekannt ist die Optimierung von Schaltungen im Hinblick auf die Verarbeitungsgeschwindigkeit. In den 70er Jahren kam als zusätzliches Optimierungsziel der Flächenbedarf hinzu. Seit Beginn der 90er jahre wird zunehmend auch die Frage der Leistungsaufnahme diskutiert. Testfreundlichkeit war lange ein entscheidendes Merkmal von Anlagen mit erhöhten Zuverlässigkeitsanforderungen. Bei der Steuerung industrieller Anlagen sowie bei zentralen Datenhaltungssystemen führen längere reparaturbedingte Ausfälle sofort zu hohen Folgekosten. Die Entwicklung der Halbleitertechnologie wird in den nächsten Jahren /SIA95/ dazu führen, daß Schaltkreise mit mehr als 100 Mio. Transistoren gefertigt werden. Diese Schaltkreise werden mit Taktraten von ca. 1000 MHZ betrieben und mehr als externe 1000 Signalanschlüsse haben. Testautomaten für den Serientest derartiger ICs werden mindestens 10 Mio. $ kosten. Dabei wurde bereits vorausgesetzt, daß trotz steigender Anforderungen die Kosten je Testerkanal nicht steigen und die Komplexität der Schaltungstests weitgehend erhalten bleibt. Damit werden Testsysteme zu den kostenintensivsten Ausrüstungsgegenständen einer IC-Fabrik. Testfreundlicher Entwurf ist das Bemühen durch geeignete Maßnahmen auf dem IC dieser Situation entgegenzuwirken.

6.1   Testfreundlicher Entwurf zur Vereinfachung der Fehlermodellierung

Testfreundlicher Entwurf auf der Transistorebene zielt auf ein definiertes Ausfallverhalten der Grundschaltungen. Das Verhalten der fehlerhaften Schaltung soll durch eine möglichst einfaches Fehlermodell beschreibbar sein, um die automatische Werkzeuge für die Testmusterberechnung überhaupt einsetzen zu können.

6.1.1   Vermeidung von CMOS-Unterbrechungsfehlern

Unterbrechungsfehler in CMOS-Schaltungen sind nicht direkt durch das Haftfehlermodell beschreibbar. Unterbrechungen c und d gemäß Abb. 2.3.2 führen zu einem sequentiellen Verhalten des Gatters. Die von Wadsack /WAD78/ angegebene Modellierung der fehlerhaften Schaltung gründet zwar auf dem Haftfehlermodell, führt jedoch letztlich zu einer asynchronen Schaltung. Während eine Fehlersimulation noch problemlos mit jedem auf dem Haftfehlermodel basierenden Simulator möglich ist, versagt die Testmusterberechnung, da die meisten Programme entweder nur geeignet sind Tests für kombinatorische oder synchrone sequentielle Schaltungen zu berechnen. Modifikationen des Testmusterberechnungsverfahrens /EL81/ sind bei kommerziell erhältlichen Programmen nur bedingt durchführbar.

Abb. 6.1.1.1 zeigt schematisch das Layout eines NAND-Gatters mit zwei Eingängen A und B in CMOS-Schaltungstechnik.

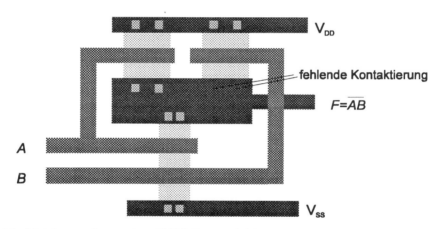

Abb. 6.1.1.1:   Layout eines CMOS-Gatters mit fehlerhafter Kontaktierung.

Die markierte fehlende Kontaktierung des Diffusionsgebiets des oberen rechten Transistors führt zu dem bekannten Unterbrechungsfehler mit sequentiellem Fehlerverhalten. Dieser Zustand kann vermieden werden, wenn die Diffusionsgebiete der beiden parallelen Transistoren gemeinsam als Ring ausgebildet werden /KOEP87/.

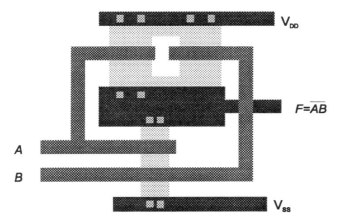

Abb. 6.1.1.2:   Testfreundliches CMOS NAND-Gatter /KOEP87/

Fehlerhafte Kontaktierungen des Diffusionsrings führen hier auf Haftfehler am Gatterausgang. Der zusätzliche Flächenbedarf für die Zelle liegt bei weniger als 1% /KOEP87/.

6.1.2   Vermeidung von Gatterverzögerungsfehlern

Gatterverzögerungsfehler haben ihre Hauptursache im Ausfall von Transistoren in der Ausgangstreiberstufe von Zellen. Um den Innenwiderstand zu reduzieren werden hier häufig wie in Abb. 1.4.1 gezeigt mehrere Transistoren parallel geschaltet. Abb. 6.1.2.3 zeigt die Entsprechung auf Gatterebene, zwei parallel geschaltet Inverter als Ausgangstreiber für ein NAND-Gatter.

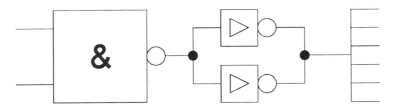

Abb. 6.1.2.3:   NAND-Gatter mit parallel geschalteten invertierenden Ausgangstreibern

Unterbrechungen in einem der Inverter führen hier auf die in Kapitel 1.4 bereits beschriebenen Verzögerungsfehler. Durch Auftrennen der Verbindung zwischen den

Inverterausgängen kann die Testbarkeit des Gatters auf einfache Weise erhöht werden (Abb. 6.1.2.4).

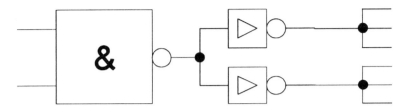

Abb. 6.1.2.4:   Vermeidung von Verzögerungsfehlern in CMOS NAND-Gattern

Eine Unterbrechung in einem der beiden Inverter führt so immer auf einen Haftfehler an seinem Ausgang. Auf die Verarbeitungsgeschwindigkei der Schaltung und den Flächenbedarf hat die Modifikation keinen Einfluß.

6.1.3   Vermeidung von undefinierter Signalpegel

Undefinierte Signalpegel treten vorzugsweise in Pass-Transistor-Logik auf. Transistoren werden hier als Schalter benutzt, welche Signaleingänge zu einem Gatterausgang weiterschalten. Bevorzugt wird diese Schaltungstechnik bei Multiplexern eingesetzt. Abb. 6.1.3.1 zeigt einen Multiplexer mit einem Haftfehler auf einer Steuerleitung.

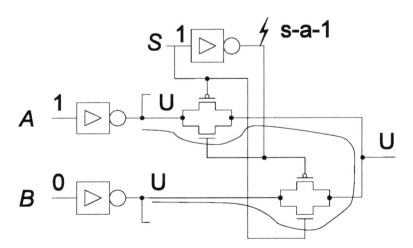

Abb. 6.1.3.1:   Undefinierte Signalpegel infolge eines Haftfehlers in einem Multiplexer

Infolge des Haftfehlers am steuernden Inverter entsteht ein leitender Pfad zwischen den Ausgängen zweier Inverter mit unterschiedlichem Signalpegel. Der Wert des Signals am Ausgang wird die Innenwiderstände der Inverter sowie der als Schalter eingesetzten Transistoren. Dieser Werte kann von verschiedenen An den Ausgang angeschlossenen Folgegattern unterschiedlich interpretiert werden, sodaß eine einheitliche Modellierung als Haftfehler nicht möglich ist. Der Fehler wirkt sich darüberhinaus rückwärts auf die Signalwerte an den Eingängen des Multiplexers aus, wobei die Werte nicht gleich sein müssen. Auch hier ist eine einfach Modellierung mit Haftfehlern nicht möglich. Ein definiertes Fehlverhalten des Multiplexers in Pass-Transistor-Logik ist somit nicht zu erreichen. Testfreundlichkeit wird nur durch den Verzicht auf diese Schaltungstechnik erreicht.

6.2   Testfreundlicher   Entwurf   zur   Vereinfachung   der   Testanwendung

Testfreundlicher Entwurf auf Gatterebene hat das Ziel eine gegebene Schaltfunktion in eine Realisierung als Schaltnetz zu überführen, welches mit geringem Aufwand getestet werden kann. Die Existenz eines geeigneten Fehlermodells für physikalische Defekte wird dabei bereits vorausgesetzt. Die folgenden Ausführungen gehen vom Haftfehlermodell aus.

6.2.1   Reed-Muller-Form

In Gegensatz zu den bekannten Entwicklungen von Schaltfunktionen in disjunktive oder konjunktive Normalform führt die Reed-Muller-Form auf eine Realisierung der Schaltung mit UND-Gattern und EXOR-Gattern. Jede Schaltfunktion kann in der folgenden Form geschrieben werden:

$$f(x_1, x_2, x_3, \dots, x_n) = c_0 \oplus c_1 \cdot x_1 \oplus c_2 \cdot x_2 \dots \oplus c_n \cdot x_n$$
$$c_n + 1 \cdot x_1 \cdot x_2 \oplus c_n + 3 \cdot x_1 \cdot x_3 \dots$$
$$c_{2^n - 1} \cdot x_1 \cdot x_2 \cdot \dots \cdot x_n \tag{6.2.1.1}$$

Die Überführung einer in disjunktiver oder konjunktiver Normalform gegebenen Formel in die Reed-Muller-Form erfolgt durch Anwendung der in Tabelle 6.2.11 Ersetzungsregeln und Auflösen in eine Summe von Produkten.

Tabelle 6.2.1.1:   Ersetzungstabelle zur Darstellung von Schaltfunktionen in Reed-Muller-form

Funktion	Original	Ersetzung
Konjunktion	$f = a \cdot b$	$f = a \cdot b$
Inversion	$f = \overline{a}$	$f = a \oplus 1$
Disjunktion	$f = a \vee b$	$f = a \oplus b \oplus a \cdot b$

Zur Erhöhung der Testbarkeit von Schaltungen in Reed-Muller-Form wurde von Reddy /RED72/ vorgeschlagen die Schaltung um zwei Gatter zu ergänzen. Abb. 6.2.1.1 die Schaltung für die Funktion $f(\vec{x}) = 1 \oplus x_1 \cdot x_2 \oplus x_1 \cdot x_3 \oplus x_1 \cdot x_3 \cdot x_4 \oplus x_2 \cdot x_3 \cdot x_4$.

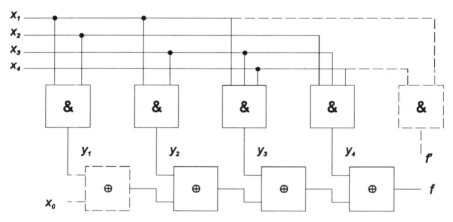

Abb. 6.2.1.1:   Testfreundliche Realisierung der Funktion
$$f(\vec{x}) = 1 \oplus x_1 \cdot x_2 \oplus x_1 \cdot x_3 \oplus x_1 \cdot x_3 \cdot x_4 \oplus x_2 \cdot x_3 \cdot x_4$$

Die EXOR-Gatter werden vollständig durch die folgenden vier Testmuster getestet.

x_0	x_1	x_2	x_3	x_4
0	0	0	0	0
0	1	1	1	1
1	0	0	0	0
1	1	1	1	1

Das erste Muster setzt alle die Eingänge aller EXOR-Gatter auf (0,0). Das zweite Muster setzt die Eingänge abwechselnd auf (0,1) und (1,1). Durch das dritte Muster werden alle Gattereingänge auf (1,0) gesetzt und das vierte Muster komplettiert den Test, indem in umgekehrter Reihenfolge als beim zweiten Muster die Eingänge auf (1,1) und (0,1) gesetzt werden. Das zweite Muster ist zugleich ein Test für s-a-0-Fehler der Signale y_i. Ohne Beschränkung der Allgemeinheit wird hierzu die Testbarkeitsbedingung für den Fehler y_k-s-a-0 betrachtet. Es wird direkt die fehlerfreie Schaltung mit der fehlerhaften Schaltung verglichen.

$$T(y_k) = f(\vec{x}) \oplus f^\alpha(\vec{x}) = \bigoplus_{i=1}^{k} y_i \oplus \bigoplus_{i=1}^{k-1} y_i$$
$$= y_k$$

Die Bedingung $y_k=1$ wird für jedes y_k durch das obige Testmuster erfüllt. Testmuster für s-a-1-Fehler an den Eingängen lauten:

x_0	x_1	x_2	x_3	x_4
0	0	1	1	1
0	1	0	1	1
0	1	1	0	1
0	1	1	1	0

Die Zahl der Testmuster steigt linear mit der Zahl der Schaltungseingänge. Schwieriger gestaltet sich die Erkennung von Haftfehlern an den primären Schaltungseingängen x_i. Die oben angegebenen Testmuster erkennen alle Haftfehler an den Schaltungseingängen, welche zu einer ungeraden Zahl von UND-Gattern führen. Für Haftfehler an Eingängen, welche zu einer geraden Zahl von UND-Gattern führen ist ein weiteres UND-Gatter eingefügt. Es wird mit allen primären Schaltungseingängen mit der genannten Eigenschaft verbunden. Die bislang nicht erkannten Haftfehler werden am Ausgang f' des zusätzlichen Hilfsgatters erkannt.

Das Verfahren ist für den praktischen Einsatz nur bedingt tauglich. Es zeigt jedoch, daß Schaltungen derart zu gestaltet werden können, daß sie mit einer kleinen Menge (linear bzgl. der Zahl der Eingänge) funktionsunabhängigen Testmustern schnell getestet werden.

6.3   Testfreundlicher Entwurf zur Vereinfachung der Testmusterberechnung

Die Möglichkeit Schaltungstests mit hoher Musterrate (<20 MHz) durchführen zu können läßt die Frage der Testmusterzahl in den Hintergrund treten. Solange alle Testmuster in vom Teststimulispeicher des Testsystems aufgenommen werden können und dieser während des Tests nicht mehrfach vom Massenspeichersystem nachgeladen werden muß, sind die Zeiten für die Testdurchführung hinreichend klein verglichen mit der Zeit für die Zuführung der Schaltung zum Automaten. Während bei Schaltungen, welche in großen Stückzahlen gefertigt werden (Speicher-ICs, Mikroprozessoren etc.), die Kosten für die Testdurchführung dominieren, treten bei anwendungsspezifischen Schaltungen (ASICs) aufgrund der geringeren Stückzahlen die Kosten für die Testmusterberechnung deutlich in den Vordergrund.

6.3.1   Vollständiger Prüfbus

Prüfbus (Siemens), Scanpath (NEC) oder Level Sensitiv Scan Design (LSSD, IBM) bezeichnet eine Entwurfsmethode, welche zu einer beträchtlichen Vereinfachung der Testmusterberechnung für sequentielle digitale Schaltungen geführt hat. Die Methode wurde erstmals 1968 von Kobayashi et. al /KOB68/ in jahre 1968 publiziert. Williams und Eichelberger haben die Technik dahingehend verfeinert, daß ein von den Verzögerungen der einzelnen Gatter unabhängigen Verhalten der Schaltung sichergestellt ist /EIC77/. Die entscheidende Eigenschaft des Prüfbusses ist, daß er die Flip-Flops einer Schaltung unmittelbar beobachtbar und steuerbar macht. Dadurch wird es möglich den kombinatorischen Teil einer Schaltung zu prüfen, als wären alle Eingänge und Ausgänge dieses Teils für den Testautomaten unmittelbar zugänglich, auch wenn sie nicht mit einem Eingang oder ausgang der Gesamtschaltung verbunden sind. Abb. 6.3.1.1 zeigt das Huffmanmodel einer synchronen digitalen Schaltung.

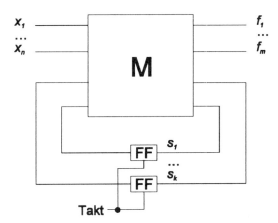

Abb. 6.3.1.1:   Huffman Modell einer synchronen sequentiellen Schaltung

Jedes Flip-Flop wird jetzt um einen Multiplexer ergänzt. Die Steuereingänge aller Multiplexer sind miteinander verbunden. Über die gemeinsame Steuerleitung wird das Eingangssignal des Multiplexers ausgewählt, welches zum Eingang des Flip-Flops weitergeschaltet wird. Die bisherigen Eingänge des Flip-Flops werden einen Eingang des Multiplexers zugeführt. Der zweite Eingang des Multiplexers ist jeweils mit dem Ausgang eines Flip-Flops derart verbunden, daß bei entsprechender Wahl des Steuersignals der Multiplexer die Flip-Flops als Schieberegister arbeiten.

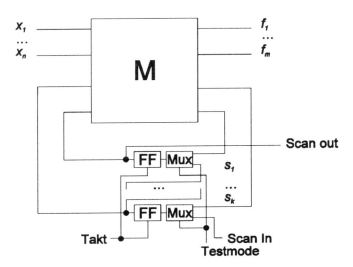

Abb. 6.3.1.2:   Sequentielle Schaltung mit Prüfbus

Der auf diese Weise gebildete Pfad durch alle Flip-Flops ist der Kern des Prüfbusses. Da über den seriellen Eingang "Scan In" alle Eingänge des kombinatorischen Blocks besetzt und alle Ausgänge über den seriellen Ausgang "Scan Out" beobachtet werden können, kann dieser wie eine Rein kombinatorische Schaltung getestet werden. Der Test einer sequentiellen Schaltung mit Prüfbus erfolgt in folgenden Schritten:

1.   Test der Flip-Flops hinsichtlich Haftfehlern durch Schieben einer Folge von "0" und "1" vom seriellen Eingang "Scan In" durch alle Flip-Flops und beobachten der Ausgangsfolge am seriellen Ausgang "Scan Out".
2.   Serielles Laden der Flip-Flops den zugehörigen Teil des Testmusters.
3.   Anlegen des restlichen Testmustern an den primären Schaltungseingängen.
4.   Umschalten des Testmode-Eingangs auf normale Operation der Schaltung und einmaliges Takten der Flip-Flops.
5.   Beobachten der primären Schaltungsausgänge.
6.   Umschalten in den Schieberegistermode und Laden des zugehörigen Teils des nächsten Testmusters in die Flip-Flops und gleichzeitiges Beobachten des serielle Ausgangs "Scan Out"
7.   Mache Weiter bei 2. bis alle berechneten Testmuster benutzt sind.

Bei RISC-Prozessoren (Reduced Instruction Set Computer) kann aufgrund der umfangreichen Registerbänke die Zahl der Flip-Flops so groß werden, daß mehrere tausend Schritte erforderlich sind um die Schieberegisterkette des Prüfbusses zu laden. In derartigen Fällen kann die Testdurchführungszeit dadurch reduziert werden, daß mehrere parallele Prüfbusse verwendet werden. Die Zahl der Anschlüsse eines ICs steigt durch den Prüfbus um mindestens drei. Jeder zusätzliche parallele Prüfbus benötigt zwei weitere Anschlüsse. Das dem Prüfbus zugrundeliegende Konzept des seriellen Ladens der Speicherelemente einer Schaltung kann auf die Leiterplatter ausgedehnt werden. Im Idealfall, d.h. wenn die Flip-Flops aller Ics im Testmode ein großes Schieberegister bilden, werden auch für die gesamte Leiterplatte nur drei zusätzliche Anschlüsse benötigt.

6.3.2   Einfluß des Prüfbus auf die Testgenerierung

Die Einführung eine Prüfbusses wirkt sich in mehrfacher Hinsicht auf die Testmusterberechnungszeit aus. Zur Berechnung von Testmusterfolgen für eine sequentielle Schaltung wird diese gemäß Kap. 2.2 durch ein iterierten Arrays modelliert und Berechnung eines Testmusters für einen Mehrfachfehler in diesem Array berechnet. Die Zahl der notwendigen Iterationen wächst dabei im schlimmsten Fall exponentiel mit der Zahl der Flip-Flops. Verfügt die Schaltung über einen Prüfbus ist unabhängig von der Schaltungsgröße die nie mehr als eine Iteration erforderlich, Die Flip-Flop-Eingänge und Ausgänge sind über die Schiebergisterfunktion des Prüfbusses beobachtbar und steuerbar und werden wie primäre Ein- und Ausgänge der kombinatorischen Schaltung behandelt werden. An die Stelle der Testmusterberechnung für einen Mehrfachfehler tritt die Testberechnung für einen Einfachfehler.

Darüberhinaus wirkt der Prüfbus sich noch insofern auf die Testmusterberechnung, als er die verbliebenen kombinatorische Schaltung weiter in kleinerer Blöcke zerteilt. Komplexe sequentielle Schaltungen können in mehrere kleinere seriell oder parallel geschaltet Teilmaschinen zerlegt werden /BOO67/. Abb. 6.3.2.1 zeigt eine durch Serienschaltung von drei Moore-Automaten gebildete komplexe sequentielle Schaltung mit Prüfbus.

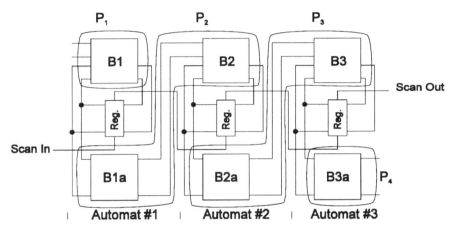

Abb. 6.3.2.1:   Partitionierung einer kaskadierten sequentiellen Schaltung durch den Prüfbus in vier unabhängig testbare Partitionen P_1 bis P_4

Die Testmusterberechnung für den kombinatorischen Block B1 kann unabhängig von der Funktion der sonstigen Blöcke B2 und B3 sowie B1a bis B3a erfolgen. Die Testmuster werden direkt an den Eingängen von B1 angelegt und die Testantworten über das Register 1 beobachtet. Die Testmuster für die Blöcke B1a und B2 werden über die Register 1 und 2 angelegt und an Register 2 beobachtet, Entsprechendes gilt für die aus B2a und B3 oder B3a gebildeten Partitionen P_2 bis P_4.

Bei einem modularen Entwurfsprozeß komplexer digitaler Schaltungen steigt die Gesamtgröße der Schaltung näherungsweise linear mit der Zahl der Module. Da, sofern die Schaltung mit einem Prüfbus ausgestattet ist, auch der Testmusterberechnungsaufwand näherungsweise linear mit der Zahl der Partitionen ansteigt, kann bei großen sequentiellen Schaltungen mit Prüfbus von einem nur linear mit der Schaltungsgröße steigenden Testmusterberechnungsaufwand ausgegangen werden. Bei Schaltungen ohne Prüfbus wächst die Rechenzeit exponentiel mit der Schaltungsgröße.

6.3.3   Unabhängig testbare Module mit Prüfbus

Die Zerlegung einer sequentiellen Schaltung in mehrere unabhängig testbarer Partitionen und dessen Einfluß auf die Testmusterberechung ist hat zu einer beachtlichen Reduktion der Testmusterberechnungszeiten geführt. Die Partitionsgrenzen stimmen jedoch nicht notwendigerweise mit den Modulgrenzen überein. Partition 1 der Beispielschaltung aus Abb. 6.3.2.1 besteht aus dem Block 1a, der Ausgangsfunktion des Automaten #1, und dem Block B2, der Folgezustandsfunktion des Automaten #2. Eine Zuordnung von Testmustern zu den verschiedenen Automaten ist damit nicht möglich. Dies verhindert, daß Module und zugehörige Tests für dieselbigen einmal entworfen und mehrfach wiederverwendet werden. Testmuster, welche für eine bestimmte Kombination von Block B1a und Block B2 berechnet wurden, werden ungültig, wenn Änderungen an einen der beiden Blöcke vorgenommen werden oder der Automat #1 mit anderen Automaten kombiniert wird. Diese Situation kann vermieden werden, wenn jeder Automat über ein Ausgangsregister verfügt. Abb. 6.3.3.1 zeigt, wie ein beliebiger Mooreautomat in einen Automaten mit Ausgangsregister überführt werden kann.

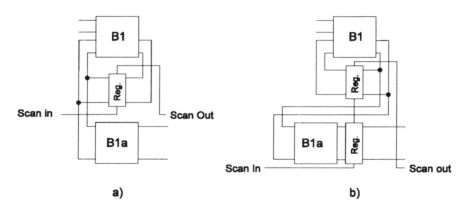

Abb. 6.3.3.1:   a) Mooreautomat und b) äquivalenter Automat mit Ausgangsregister

Verbindet man derartige Automaten mit Ausgangsregister zu einer größeren sequentiellen Schaltung wird die Bildung von Partitionen von kombinatorischen Blöcken verschiedener Automaten vermieden. Abb. 6.3.3.2 zeigt ein Netzwerk von Automaten A1 bis A4 mit Prüfbus. Alle Automaten verfügen über im Bild markierte Ausgangsregister.

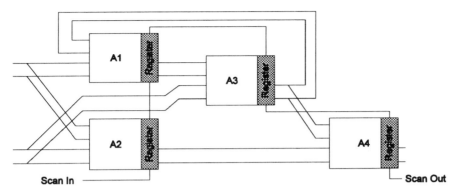

Abb. 6.3.3.2:   Leicht testbares Netzwerk von Automaten mit Ausgangsregistern

Die durch den Prüfbus gebildeten Partitionen kombinatorischer Blöcke sind jetzt identisch mit den kombinatorischen Blöcken der jeweiligen Automaten A1 bis A4. Änderungen an einem der Automaten habe keinen Einfluß auf die Testmuster für einen anderen Automaten. Die Testmusterberechnung kann daher unabhängig von einander erfolgen. Für den Test der gesamten Schaltung sind die Testmustern nur noch entsprechend der Reihenfolge der Flip-Flops in Prüfbus umzuordnen.

Eine äquivalente Realisierung der Gesamtschaltung mittels Automaten mit Eingangsregistern ist ebenfalls möglich.

6.3.4   Unvollständiger Prüfbus

Die Integration des Prüfbusses in eine Schaltung ist mit einem Mehrbedarf an Chipfläche von 5 bis 15 Prozent verbunden. Dieser Mehrbedarf verbunden mit der gleichzeitig verringerten Ausbeute ist den verringerten Testkosten gegenüberzustellen. Ein naheliegender Ansatz /TRI80, KIM90, LEE90, PRAD91/ besteht darin nur einen Teil der Flip-Flops einer Schaltung in den Prüfbus aufzunehmen in der Hoffnung, daß dadurch die Testmusterberechnung bereits merklich vereinfacht wird und der Mehrbedarf an Fläche gering gehalten wird.

Allgemein gilt, daß bei einer synchronen sequentiellen Schaltung mit k Flip-Flops für die Testfolgenberechnung maximal 4^k Iterationen des kombinatorischen Blocks der Schaltung benötigt werden (Kap. 2.2). Werden von den k Flip-Flops j Flip-Flops in den Prüfbus aufgenommen, reduziert sich die maximale Zahl der Iterationen auf 4^{k-j}. Für $j=k$ erhält man das bekannte Ergebnis 1. Jedes Flip-Flop, welches in den Prüfbus aufgenommen wird, führt daher zu einer maximale Beschleunigung der Testfolgenberechnung um den Faktor 4.

Der in der Praxis beobachtete Gewinn liegt deutlich niedriger, da einerseits die Längen der berechneten Testfolgen häufig wesentlich geringer ist als der Maximalwert von 4^k und andererseits die Berechnung zu Lasten des erzielten Fehlererkennungsgrads bei Überschreiten einer vorgegebenen Zahl von Iteration abgebrochen wird. Dieser Effekt legt die Vermutung nahe, daß Flip-Flops, welche nicht im Prüfbus sind, unterschiedlich zur erfoderlichen Testfolgenlänge, d.h. zur Zahl der bei der Testfolgenberechnung notwendigen Zahl der Iterationen, beitragen. Hierzu werde zunächst der Spezialfall einer Schaltung mit Pipeline-Struktur betrachtet. Abb. 6.3.4.1 zeigt eine zweistufige Pipeline-Schaltung.

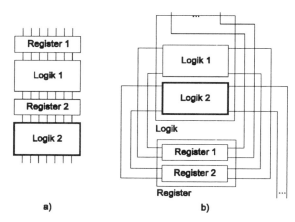

Abb. 6.3.4.1:   a) sequentielle Schaltung mit Pipeline-Struktur und b) Darstellung als Huffman-Automat

Die Berechnung der Werte der Ausgangssignal erfolgt in zwei Stufen. Zwei Taktschritte nach dem Anlegen der Werte der Eingangssignale sind die berechneten Werte am Ausgang der Schaltung sichtbar. Zur Berechnung einer Testmusterfolge wird die Schaltung entsprechend Kap. 2.2 in ein iteriertes Array entwickelt.

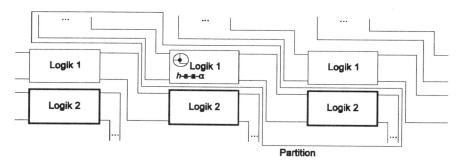

Abb. 6.3.4.2:   Iteriertes Array für die Pipeline-Schaltung gemäß Abb. 6.3.4.1

Abb. 6.3.4.2 zeigt, daß das iterierte Array bei Schaltungen mit Pipelinestruktur in mehrere unabhaängige Partitionen zerfällt. Ein Haftfehler in einem der Logikblöcke wirkt sich nur einmal aus und ist somit nicht als Mehrfachhaftfehler zu berücksichtigen. Die Berechnung der Testmuster erfolgt somit als ob es sich um eine rein kombinatorische Schaltung handelt. Es ist nur zu beachten, daß die Testantwort erst nach einer der Zahl der Pipelinestufen entsprechenden Zahl von Taktschritten am Ausgang der Pipeline beobachtet werden kann. Die geringe Zahl der maximal erforderlichen Iteration ist bedingt durch das geringe Gedächtnis von Pipeline-Schaltungen. Es resultiert aus dem gerichteten zyklenfreien Signalfluß. Hieraus leitet sich die Empfehlung ab, Flip-Flops für den Prüfbus derart auszuwählen, daß die verbleibenden Restschaltung zyklenfrei ist.

Die Schaltung wird hierzu zunächst durch einen Systemgraphen G(V,E) modelliert. Jedem Flip-Flop der Schaltung entspricht ein Knoten des Graphen. Eine Kante $E=(V_i,V_j)$ existiert, wenn es einen Pfade vom Ausgang von Flip-Flop i zum Eingang von Flip-Flop j gibt und dieser Pfad über kein weiteres Flip-Flop führt. Abb. 6.3.4.3 zeigt ein digitales Filter zweiter Ordnung und den zugehörigen Systemgraphen. Aus Gründen der Übersichtlichkeit wurde nur ein Knoten je Register gezeigt.

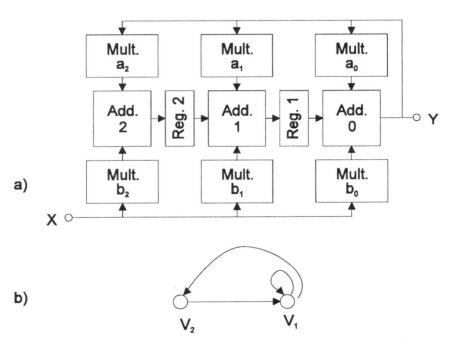

Abb. 6.3.4.3:   Digitales Filter a) zweiter Ordnung und zugehöriger Systemgraph b)

Der Graph G(V,E) wird in einen gerichteten azyklischen Graphen G'(V',E') überführt, indem Knoten V_k von G ersetzt werden durch zwei Knoten V'_k und V''_k. Alle eingehenden Kanten von V_k führen zu V'_k und alle ausgehenden Kanten von V_k sind Kanten sind Kanten von V''_k. Knoten werden solange ersetzt, bis die Schaltung azyklisch ist. Im obigen Fall ist der Knoten V_1 zu ersetzen. Heuristiken zum Finden einer minimalen Menge von zuersetzenden Knoten wurden von Kunzmann und Wunderlich /WU90/ publiziert. Die aufgetrennten Knoten V_k entsprechen den in den Prüfbus aufzunehmenden Flip-Flops. Sie können als zusätzliche (sekundäre) Eingänge der verbliebenen Restschaltung aufgefaßt werden. Diese wird zu Zwecke der Testfolgenberechnung in eine iteriertes Array entwickelt. Das iterierte Array für die obige digitale Filterschaltung mit unvollständigem Prüfbus zeigt Abb. 6.3.4.4.

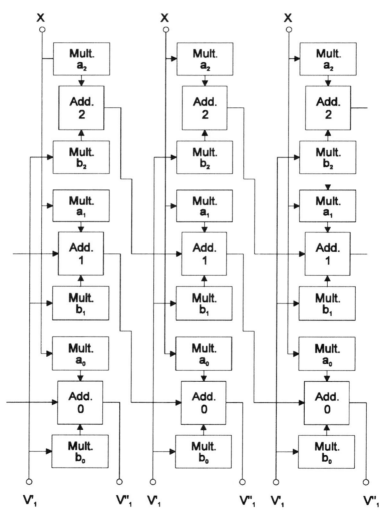

Abb. 6.3.4.4:   Iteriertes Array zur Testfolgenberechnung für die digitale Filterschaltung nach Abb. 6.3.4.3 mit unvollständigem Prüfbus

Die maximale Anzahl der Iterationen ist jetzt um eins größer als die Länge des längsten Pfades in $G'(V',E')$. Eine oberer Grenze der Pfadlänge ist gegeben durch die Zahl der Flip-Flops der Schaltung. Im schlimmsten Fall bildet die verbliebene Restschaltung eine Pipeline, deren Stufenzahl gleich der Zahl der Flip-Flops ist. Die obere Grenze der Zahl der Iterationen ist somit um eins größer als die Zahl der Flip-Flops.

7 Selbsttest integrierter Schaltungen

Der Test integrierter digitaler Schaltungen mit einem Testautomaten gemäß Abb. 3.1 ist gängige Praxis bei Schaltungen geringer und mittlerer Komplexität. Bei sehr großen integrierten Schaltungen wird in zunehmendem Maße ein Teil der Funktionalität des Testautomaten auf die Schaltungen selbst verlagert. Die Schaltung wird dadurch in die Lage versetzt sich teilweise selbst zu testen. Konzepte für den Selbsttest von Leiterplatternsystemen sind schon 1975 publiziert worden /BEN75, DAE84a/. Erste Beispiele integrierter digitaler Schaltungen folgten /KOEN79, DAE81a, GRASS82, DAE86c DAE86d, MUC86, GEL86, DAE87c, BARD87, PLAZ95, VID95/.

7.1 Architektur selbsttestender Schaltungen

Für den Selbsttest integrierter Schaltungen werden Funktionsgruppen vom Testautomaten auf die integrierte Schaltung verlagert. Die zu verlagernden Einheiten sind der Testmustergenerator (TMG), der Testdatenauswerter (TDA) und eine Teststeuereinheit (TSE). Der Testmustergenerator liefert die Testfolge, mit welcher die Schaltung geprüft werden soll, die Auswertung der Testantworten erfolgt durch den Testdatenauswerter und die Teststeuereinheit koordiniert die Operationen. Für die Kommunikation mit der Peripherie sind die Schnittstellen der Teststeuereinheit nach außen in der Norm IEEE 1149 festgelegt. Die Norm dokumentiert auch, wie die Schnittstelle für den Test der Verbindungen vom IC zur Leiterplatte genutzt werden kann. Abb. 7.1.1 zeigt den prinzipiellen Aufbau einer selbsttestenden Schaltung.

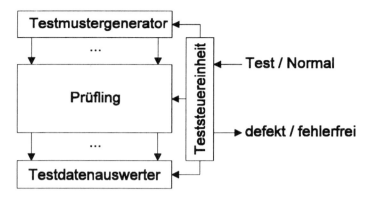

Abb. 7.1.1:   Prinzipieller Aufbau einer integrierten Schaltung mit Selbsttest

Bei sehr großen Schaltungen wird dieses Konzept auf Teilschaltungen angewandt. Eine übergeordnete Ablaufsteuerung koordiniert den Ablauf der einzelnen Selbsttests. Bei der Verlagerung von Funktionseinheiten vom Testautomaten auf die selbsttestende Schaltung ist zu beachten, daß zusätzliche Chipfläche immer mit einer Reduktion der Ausbeute verbunden ist. Insbesondere fehlt der Platz zum Speichern vorabberechneter Testmusterfolgen und Testantwortfolgen. Als Testmustergenerator kommen daher nur einfache endliche Automaten in Frage. Die Qualität der von diesen Automaten erzeugten Testmusterfolge ist mittels Fehlersimulation zu messen. Die Länge der Testmusterfolge, welche zum Erreichen eines vorgegebenen Fehlererkennungsgrads FE erforderlich ist, ist von geringerer Bedeutung als beim Test mittels eines externen Testautomaten, da der Selbsttest mit der nominellen Taktrate des Schaltung durchgeführt werden kann. Testautomaten sind hierzu vielfach nicht in der Lage.

Ein direkter Vergleich der Testantworten des Prüflings mit den Solltestantworten, wie es auf dem Testautomaten erfolgt, ist beim Selbsttest ebenfalls aus Platzgründen nicht möglich. Testantwortfolgen werden daher zunächst auf ein einzelnes Datenwort abgebildet, welches am Ende des Tests mit dem Solldatenwort verglichen wird.

7.2   Testmustergeneratoren für den eingebauten Selbsttest

Testmustergeneratoren für Schaltungen mit Selbsttest dürfen den Flächenbedarf der Schaltung nur gering erhöhen, da andernfalls die Ausbeute an fehlerfreien ICs über Gebühr reduziert würde. Es ist daher immer das Bestreben, vorhandene Register der Schaltung durch zusätzliche Gatter dahingehend zu erweitern, daß sie neben ihrer normalen Funktion noch die Aufgaben eines Testmustergenerators übernehmen können.

Als Testmustergeneratoren wurden vorgeschlagen:

1.   Zähler als Generatoren für den erschöpfenden Test kombinatorischer Teilschaltungen.

2.   Linear rückgekoppelte Schieberegister und zellulare Automaten als Pseudozufallsmustergeneratoren.

3.   Nichtlinear rückgekoppelte Schieberegister und andere Automaten zur Erzeugung vorabberechneter Testmusterfolgen.

7.2.1   Zähler für den erschöpfenden Test

Unter erschöpfendem Test versteht man einen Test, welcher als Teststimuli alle möglichen Eingangssymbole einer kombinatorischen Schaltung beinhaltet. Die Testmuster für eines erschöpfenden Test können immer von einem Zähler erzeugt werden, dessen Breite der Zahl der Eingänge der kombinatorischen Schaltung entspricht. Als Zähler ist in diesem Zusammenhang jeder Automat zu verstehen, welcher bei einem gegebenen konstanten Eingangssignal einen Zyklus durchläuft, welcher alle Zustände des Automaten beinhaltet, und diese Zustände am Ausgang sichtbar macht.

Hierzu zählen:

1.   Binärzähler, welche häufig als Programmzähler in Rechenwerken zu finden sind.

2.   Gray-Code-Zähler.

3.   Linear rückgekoppelte Schieberegister, welche mit Ausnahme des Zustands "0,0,...,0" alle Zustände durchlaufen.

7.2.2   Linear rückgekoppelte Schieberegister

Abb. 7.2.2.1 zeigt die allgemeine Struktur von linear rückgekoppelten Schieberegistern.

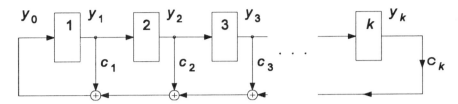

Abb. 7.2.2.1:   Allgemeine Form eines linear rückgekoppelten Schieberegisters

Zu der in Abb. 7.2.2.1 dargestellten Form eines linear rückgekoppelten Schieberegisters existiert noch eine duale Form mit äquivalenten Eigenschaften (Abb. 7.2.2.2). Aufgrund der Äquivalenz werden sie hier nicht gesondert behandelt.

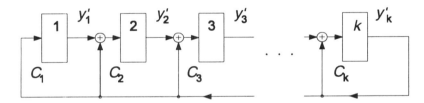

Abb. 7.2.2.2:   Duales linear rückgekoppeltes Schieberegister

Die Rückkopplung ist linear, wenn im Rückkopplungnetzwerk nur Exklusiv-Oder-Gatter benutzt werden, welche bezüglich der Elemente von GF(2) lineare Operationen /GOL67/ ausführen. Die Funktion eines Schieberegister der Länge k wird durch k lineare Gleichungen beschrieben.

$$y_{i+1}(t+1) = y_i(t) , \quad 1 \leq i < k \tag{7.2.2.1}$$

$$y_1(t+1) = \sum_{i=1}^{k} c_i \cdot y_i(t) \tag{7.2.2.2}$$

Die Summation erfolgt modulo 2. Hieraus ergibt sich folgende Rekursionbeziehung für jede Komponente y_j des Zustandsvektors $\bar{y}(t) = (y_1(t), y_2(t), ..., y_k(t))^T$:

$$y_j(t) = \sum_{i=1}^{k} c_i \cdot y_j(t-i)$$

(7.2.2.3)

Im folgenden wird die Funktion eines linear rückgekoppelten Schieberegisters durch eine Matrizengleichung beschrieben. Der Folgezustand $\bar{y}(t+1)$ wird als Produkt des aktuellen Zustand $\bar{y}(t)$ des Registers mit einer Folgezustandsmatrix C berechnet. Die erste Reihe der Matrix ist definiert durch Vorhandensein oder Fehlen von Rückkopplungsanschlüssen im Register. Die folgenden k-1 Reihen repräsentieren die Schiebefunktion des Registers. Dies kommt dadurch zum Ausdruck, daß die Elemente der unteren Nebendiagonale zu 1 und alle anderen Elemente zu 0 gesetzt sind.

$$\begin{pmatrix} y_1(t+1) \\ y_2(t+1) \\ y_3(t+1) \\ \cdot \\ \cdot \\ \cdot \\ y_k(t+1) \end{pmatrix} = \begin{pmatrix} c_1 & c_2 & c_3 & \cdot & \cdot & \cdot & c_k \\ 1 & 0 & 0 & \cdot & \cdot & \cdot & 0 \\ 0 & 1 & 0 & \cdot & \cdot & \cdot & 0 \\ & & \cdot & & & \cdot & \\ & & & \cdot & & \cdot & \\ & & & & \cdot & & \\ 0 & 0 & 0 & \cdot & \cdot & 1 & 0 \end{pmatrix} \cdot \begin{pmatrix} y_1(t) \\ y_2(t) \\ y_3(t) \\ \cdot \\ \cdot \\ \cdot \\ y_k(t) \end{pmatrix}$$

(7.2.2.4)

$$\bar{y}(t+1) = C \cdot \bar{y}(t)$$

(7.2.2.5)

Für die Anwendung als Testmustergenerator ist es wünschenswert, wenn das Schieberegister möglichst alle möglichen Zustände annehmen kann. Hierzu soll die Periode einer vom Schieberegister erzeugten Zustandsfolge ermitelt werden. Das Verhältnis der Periode zur maximalen Zahl der Zustände stellt ein Maß für die Wahrscheinlichkeit dar, mit der ein zur Erkennung eines gegebenen Fehler benötigtes Testmuster in der Schieberegisterzustandsfolge enthalten ist. Zur weitergehenden Analyse wird die obige Matrizengleichung der D-transformiert /BOO67/. Die D-Transformation ähnelt sehr der im Bereich der digitalen Signalverarbeitung benutzten z-Transformation /OPP75/. Da die Elemente der hier zu untersuchenden Folgen Elemente des endlichen Feldes GF(2) und nicht Elemente der reellen Zahlen sind, ist es sinnvoll zwischen den beiden Transformationen zu unterscheiden. Die D-Transformation ist definiert für zeitdiskrete Funktionen $g(t)$, die null sind für $t<0$:

$$D(g(t)) = G(D) = g(0) \oplus D \cdot g(1) \oplus \dots$$

$$= \sum_{t=0}^{\infty} g(t) \cdot D^t$$

(7.2.2.6)

Tabelle 7.2.2.1 zeigt einige Transformationspaare.

Tabelle 7.2.2.1:   D-Transformationspaare

Operation	$g(t)$	$D(g(t)) = G(D)$
Addition	$g_1(t) \oplus g_2(t)$	$G_1(D) \oplus G_2(D)$
Multiplikation mit einer Konstanten	$\beta \cdot g(t)$	$\beta \cdot G(D)$
Summe	$\displaystyle\sum_{n=0}^{t} g(n)$	$\dfrac{G(D)}{1 \oplus D}$
Faltung	$\displaystyle\sum_{k=0}^{t} g_1(k) \cdot g_2(t-k)$	$G_1(D) \cdot G_2(D)$
Multiplikation mit β^t	$\beta^t \cdot g(t)$	$G(\beta \cdot D)$
Verzögerung	$g(t-n)$	$D^n \cdot G(D)$
Vorauseilung	$g(t+1)$	$D^{-1} \cdot (G(D) \oplus g(0))$

Durch Anwendung der Transformation auf beide Seiten von Gleichung (7.2.2.5) erhält man:

$$D^{-1} \cdot (\vec{Y}(D) \oplus \vec{y}(0)) = C \cdot \vec{Y}(D)$$
$$\vec{y}(0) = (D \cdot C \oplus 1) \cdot \vec{Y}(D)$$
$$\vec{Y}(D) = (1 \oplus D \cdot C)^{-1} \cdot \vec{y}(0)$$

bzw.

$$\vec{Y}(D) = \frac{((1 \oplus D \cdot C)^{adj})^{\mathrm{T}}}{\det(1 \oplus D \cdot C)} \cdot \vec{y}(0)$$

(7.2.2.7)

1 ist hier die Einheitsmatrix. Die Determinante von $(1 \oplus D \cdot C)$ bezeichnet man auch als charakteristisches Polynom $P(D)$ der Matrix C. Ist $P(D)$ in Faktoren zerlegbar spricht man von einem reduziblen Polynom. Andernfalls ist das Polynom irreduzibel. Bei linear rückgekoppelten Schieberegistern vom Typ gemäß Abb. 7.2.2.1 gilt:

$$P(D) = 1 \oplus c_1 \cdot D \oplus c_2 \cdot D^2 \ldots \oplus c_k \cdot D^k$$

$$= 1 \oplus \sum_{i=1}^{k} c_i \cdot D^i \qquad (7.2.2.8)$$

Die Koeffizienten der Terme des charakteristischen Polynoms sind identisch mit den Koeffizienten der Rückkopplungsfunktion (7.2.2.3). Die von einem Schieberegister mit linearer Rückkopplung erzeugte Zustandsfolge $\vec{y}(t)$ ist einschließlich ihrer Periode vollständig bestimmt durch die Rückkopplungskoeffizienten c_i und den Anfangszustand $\vec{y}(0)$.

Für $\vec{y}(0) = \vec{0}$ folgt $\vec{Y}(D) = \vec{0}$. Das Schieberegister verbleibt ständig im Anfangszustand $\vec{y}(0) = \vec{0}$. Die Periode ist 1. Dies ist die triviale Lösung der obigen Gleichung. Im folgenden gelte $\vec{y}(0) \neq \vec{0}$. Da die Zustandszahl des Schieberegisters endlich ist, muß es spätestens nach $2^k - 1$ Schritten wieder der Anfangszustand eingenommen sein. Die D-Transformierte $\vec{Y}(D)$ einer periodischen Zustandsfolge $\vec{y}(t)$ mit Periode p kann immer geschrieben werden als Faltung einer Folge endlicher Länge p mit einer periodischen Einheitsimpulsfolge.

$$\vec{Y}(D) = \sum_{j=0}^{p-1} \vec{A}_i \cdot D^i \cdot \sum_{i=0}^{\infty} D^{p \cdot i} \qquad (7.2.2.9)$$

Mit

$$\sum_{i=0}^{\infty} D^{i \cdot p} = \frac{1}{1 \oplus D^p} \qquad (7.2.2.10)$$

folgt:

$$\vec{Y}(D) = \vec{A}(D) \cdot \frac{1}{1 \oplus D^p} \qquad (7.2.2.11)$$

$\vec{A}(D)$ kann jetzt aus (7.2.2.11) und (7.2.2.7) berechnet werden.

$$\vec{Y}(D) = \frac{\vec{A}(D)}{1 \oplus D^p} = \frac{(1 \oplus D \cdot C)^{adj} \cdot \vec{y}(0)}{P(D)}$$

$$\vec{A}(D) = (1 \oplus D \cdot C)^{adj} \cdot \vec{y}(0) \cdot \frac{1 \oplus D^p}{P(D)} \qquad\qquad (7.2.2.12)$$

Da $\vec{A}(D)$ die Transformierte einer Folge endlicher Länge p ist muß $1 \oplus D^p$ ohne Rest durch $P(D)$ teilbar sein.

> Die Periode der Schieberegisterfolge ist die kleinste ganze Zahl p mit der Eigenschaft, daß $1 \oplus D^p$ durch das charakteristische Polynom $P(D)$ der Matrix C ohne Rest teilbar ist.

Die Periode ist maximal 2^k-1. Notwendige Bedingung hierfür ist, daß $P(D)$ ein irreduzibles Polynom ist /VDW49/. Durchläuft das Schieberegister die maximale Periode nennt man das Polynom außerdem primitiv.

Schieberegisterfolgen maximaler Länge verfügen über folgende Eigenschaften:

1.   Das Register durchläuft alle 2^k-1 Zustände mit Ausnahme des Zustands $\vec{y} = (0,0,\dots,0)$.

2.   Die Zahl der Einsen an einem Registerausgang ist gemessen über eine Periode um eins größer als die Zahl der Nullen. Interpretiert man den Registerzustand als binäre Repräsentation einer ganzen Zahl, dann generiert das Schieberegister genau 2^{k-1} ungerade Zahlen und 2^{k-1}-1 gerade Zahlen. Die Zahl 0 ist nicht enthalten in der Schieberegisterfolge. Die Zahl der Einsen ist damit um eins größer als die Zahl der Nullen.

3.   Betrachtet man aufeinanderfolgende Blöcke von Nullen oder Einsen, dann haben 2^{k-2} Blöcke die Länge 1, 2^{k-3} Blöcke die Länge 2, 2^{k-4} die Länge 3 etc. Von der obigen Regel wird nur abgewichen für die Länge k. In einer Folge maximaler Länge gibt es keinen Block von Nullen der Länge k. Einen Block von Einsen der Länge j erhält man, wenn der Zustandsvektor j aufeinanderfolgende Einsen enthält, denen eine Null vorausgeht, und denen eine Null folgt. Die restlichen k-j-2 Komponenten des Zustandsvektors können beliebig sein. Es gibt folglich 2^{n-j-2} mögliche Blöcke mit Einsen und die gleiche Anzahl von Blöcken mit Nullen.

Aufgrund der obigen statistischen Eigenschaften der von linear rückgekoppelten Schieberegistern erzeugten Folgen maximaler Länge spricht man hier auch von Pseudozufallsmustergeneratoren.

Die erforderliche Länge einer Testmusterfolge kann bei gegebener Erkennungs-wahrscheinlichkeit p_T eines Fehler h-s-a-α auf einfache Weise berechnet werden. Die Wahrscheinlichkeit, daß ein Fehler durch einen Test mit m Zufallsmustern j-mal erkannt wird durch eine Binomialverteilung (vergl. Kap. 4.2) beschrieben. Als Wahrscheinlichkeit

$P_T(h\text{-s-a-}\alpha)$, daß der Fehler mindestens einmal erkannt wurde, erhält man:

$$P_T(h{-}s{-}a{-}\alpha) = 1 - (1 - p_T(h{-}s{-}a{-}\alpha))^m$$

Bei geforderter Fehlererkennungswahrscheinlichkeit des Test P_T und $p_T \approx 0$ berechnet sich die Pseudozufallstestlänge m dann zu

$$m = \frac{\ln(1 - P_T)}{p_T(h{-}s{-}a{-}\alpha)}$$

(7.2.2.13)

Die obige Näherung gilt, solange bei einer Schaltung mit k binären Eingängen die Fehlererkennungswahrscheinlichkeit $p_T(h{-}s{-}a{-}\alpha)$ eines beliebigen Fehler immer deutlich größer als 2^{-m} ist.

Bei CMOS-Schaltkreisen treten Fehler auf, welche statistisch nicht mehr durch die Angabe einer Fehlererkennungswahrscheinlichkeit hinreichend beschrieben werden können. Leitungsunterbrechungen bewirken ein sequentielles Verhalten von ansonsten gedächtnislosen Schaltungen (vergl. Kap. 1.3). Zur Erkennung von Unterbrechungsfehler werden Kombinationen von zwei aufeinander folgenden Testmustern benötigt. Bei einer Schaltung mit k Eingängen gibt es 2^k mögliche Testmuster und $2^k \cdot 2^k = 2^{2k}$ mögliche Kombinationen von aufeinanderfolgenden Testmustern. Ein Pseudozufallsmustergenerator der Breite k ist jedoch nur in der Lage 2^k verschiedene Kombinationen von aufeinanderfolgenden Testmustern zu erzeugen. Verdoppelt man die Registerlänge und verwendet nur jede zweite Komponente des Zustandsvektors als Testmuster können rückgekoppelte Schieberegister auch als Pseudozufallsmustergeneratoren für den Selbsttest von CMOS-Schaltkreisen eingesetzt werden.

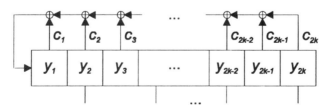

Abb. 7.2.2.3:   Pseudozufallsmustergenerator   für   CMOS-Schaltungen   mit Unterbrechungsfehlern

Mit Ausnahme der Musterkombination (0,0, ... ,0), (0,0, ... ,0) liefert ein deratiger

Testmustergenerator alle möglichen Musterkombinationen.

7.2.3   Lineare zellulare Automaten

Lineare zellulare Automaten wurden als Alternative zu linear rückgekoppelten Schieberegistern von Hortensius et al. /HORT90/ als Testmustergeneratoren für den Selbsttest von Schaltungen vorgeschlagen. Abb. 7.2.3.4 zeigt ein Beispiel eines solchen Automaten.

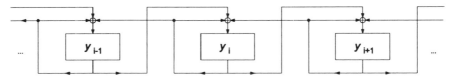

Abb. 7.2.3.4: Linearer zellularer Automat mit $y_i(t+1) = y_{i-1}(t) \oplus y_i(t) \oplus y_{i+1}(t)$

Bei homogenen zellularen Automaten weisen alle Zellen die gleiche Folgezustandsfunktion auf. Die Folgezustandsfunktion jeder Zelle eines homogenen linearen zellularen Automaten lautet allgemein:

$$y_i(t+1) = \alpha_1 \cdot y_{i-1}(t) \oplus \alpha_2 \cdot y_i(t) \oplus \alpha_3 \cdot y_{i+1}(t) \tag{7.2.3.1}$$

Bei endlicher Länge k des Automaten und folgenden Randbedingungen

$$\forall\, t \quad (y_0(t) = 0\, ,\, y_{k+1}(t) = 0)$$

ergibt sich eine Folgezustandsmatrix C mit Bandstruktur.

$$C_{hom} = \begin{pmatrix} \alpha_2 & \alpha_3 & 0 & \dots & 0 & 0 \\ \alpha_1 & \alpha_2 & \alpha_3 & \dots & 0 & 0 \\ 0 & \alpha_1 & \alpha_2 & \dots & 0 & 0 \\ & \vdots & & \ddots & & \vdots \\ 0 & 0 & 0 & \dots & \alpha_2 & \alpha_3 \\ 0 & 0 & 0 & \dots & \alpha_1 & \alpha_2 \end{pmatrix} \tag{7.2.3.2}$$

Tabelle 7.2.3.1 nennt die charakteristischen Polynome für lineare zellulare Automaten bis zur Länge 9.

Tabelle 7.2.3.1:   Charakteristische Polynome von homogenen linearen zellularen Automaten

Länge	charakteristisches Polynom
3	$(\alpha_2 \cdot D \oplus 1)^3$
4	$(\alpha_2 \cdot D \oplus 1)^4 \oplus \alpha_1 \cdot \alpha_3 \cdot D \cdot (\alpha_2 \cdot D \oplus 1)^2 \oplus \alpha_1 \cdot \alpha_2 D^4$
5	$(\alpha_2 \cdot D \oplus 1) \cdot ((\alpha_2 \cdot D \oplus 1)^4 \cdot \alpha_1 \cdot \alpha_3 \cdot D^4)$
6	$(\alpha_2 \cdot D \oplus 1)^6 \oplus \alpha_1 \cdot \alpha_3 \cdot D^2 \cdot (\alpha_2 \cdot D \oplus 1)^4 \oplus \alpha_1 \cdot \alpha_3 \cdot D^6$
7	$(\alpha_2 \cdot D^2 \oplus 1)^7$
8	$(\alpha_2 \cdot D \oplus 1)^8 \oplus \alpha_1 \cdot \alpha_3 \cdot D^2 \cdot (\alpha_2 \cdot D \oplus 1)^6 \oplus \alpha_1 \cdot \alpha_3 \cdot D^4 \cdot (\alpha_2 \cdot D \oplus 1)^4 \oplus \alpha_1 \cdot \alpha_3 \cdot D^8$
9	$(\alpha_2 \cdot D \oplus 1) \cdot ((\alpha_2 \cdot D \oplus 1)^8 \oplus \alpha_1 \cdot \alpha_3 \cdot D^4 \cdot (\alpha_2 \cdot D \oplus 1)^4 \oplus \alpha_1 \cdot \alpha_3 \cdot D^8)$

Es gibt keine Wahl von Koeffizienten α_i, für welche eines der Polynome primitiv oder irreduzibel ist. Als Testmustergeneratoren werden deshalb bevorzugt inhomogene Automaten verwendet. Die Folgezustandsfunktion der Zellen ist entweder:

$$y^1_i(t+1) = y_{i-1}(t) \oplus y_i(t) \oplus y_{i+1}(t) \qquad (7.2.3.3)$$

oder

$$y^0_i(t+1) = y_{i-1}(t) \oplus y_{i+1}(t) \qquad (7.2.3.4)$$

Die Folgezustandsmatrix hat wieder eine Bandstruktur.

$$C_{inhom} = \begin{pmatrix} c_1 & 1 & 0 & \dots & 0 & 0 \\ 1 & c_2 & 1 & \dots & 0 & 0 \\ 0 & 1 & c_3 & \dots & 0 & 0 \\ \vdots & & & \ddots & & \vdots \\ 0 & 0 & 0 & \dots & c_{k-1} & 1 \\ 0 & 0 & 0 & \dots & 1 & c_k \end{pmatrix}$$

(7.2.3.5)

Tabelle 7.2.3.2 nennt die charakteristischen Polynome inhomogener linearer Automaten von obigem Typ.

Tabelle 7.2.3.2:   charakteristische Polynome inhomogener linearer Automaten der Länge k

Länge	charakteristisches Polynom
1	$P_1(D) = 1 \oplus c_1 \cdot D$
2	$P_2(D) = 1 \oplus (c_1 \oplus c_2) \cdot D \oplus (c_1 \cdot c_2 \oplus 1) \cdot D^2$
3	$P_3(D) = 1 \oplus (c_1 \oplus c_2 \oplus c_3) \cdot D \oplus (c_1 \cdot c_2 \oplus c_1 \cdot c_3 \oplus c_2 \cdot c_3) D^2 \oplus (c_1 \cdot c_2 \cdot c_3 \oplus c-1 \oplus c_3) D^3$
4	$(D) = 1 \oplus (c_1 \oplus c_2 \oplus c_3 \oplus c_4) \cdot D \oplus (c_1 \cdot c_2 \oplus c_1 \cdot c_3 \oplus c_1 \cdot c_4 \oplus c_2 \cdot c3 \oplus c_2 \cdot c_4 \oplus c_3 \cdot c_4 \oplus 1) \cdot D^2 \oplus$ $(c_1 \cdot c_2 \cdot c_3 \oplus c_1 \cdot c_2 \cdot c_4 \oplus c_1 \cdot c_3 \cdot c_4 \oplus c_2 \cdot c_3 \cdot c_4 \oplus c_2 \oplus c_3) \cdot D^3 \oplus$ $(c_1 \cdot c_2 \cdot c_3 \cdot c_4 \oplus c_1 \cdot c_2 \oplus c_1 \cdot c_4 \oplus c_3 \cdot c_4 \oplus 1) \cdot D^4$
k	$P_k(D) = (1 \oplus c_k \cdot D) \cdot P_{k-1} \oplus D^2 \cdot P_{k-2}$

Hiermit können in Verbindung mit der Liste irreduzibler Polynome gemäß Anhang A3 die Koeffizienten c_i berechnet werden. Tabelle 7.2.3.3 nennt die Koeffizienten für Automaten bis zur Länge 5.

Tabelle 7.2.3.3:   Koeffizienten für lineare zellulare Automaten mit Folgen maximaler Länge

Länge	c_1	c_2	c_3	c_4	c_5
1	1				
2	0	1			
3	0	0	1		
4	1	0	1	1	
5	0	0	0	0	1

7.2.4   Nichtlinear rückgekoppelte Schieberegister

Pseudozufallsmuster für den Selbsttest von integrierten Schaltungen weisen den großen Vorteil auf einfach mit Hilfe von linear rückgekoppelten Schieberegistern oder zellularen Automaten generiert werden zu können. Vorhandene Register der Schaltung sind mit wenigen Ergänzungen in Pseudozufallsmustergeneratoren umwandelbar. Nachteilig wirkt sich aus, daß im Falle von Fehlern mit geringer Fehlererkennungswahrscheinlichkeit die Testlänge von Pseudozufallstests stark ansteigt. Es wäre daher wünschenswert, eine kleine Menge vorabberechneter Testmuster mit bekanntem Fehlererkennungsgrad durch einen einfachen Automaten auf der zu testenden Schaltung generieren zu können. Nach ersten Arbeiten zu Beginn der 80er Jahren /DAE81b, AGA81, DAN84/ sind Testmustergeneratoren für deterministische Tests jetzt wieder Gegenstand aktueller Forschung /AKE89, DUF95, HEL92, KAG96, BOU95, KUN93, VAN94/.

Der hier besprochene Ansatz hält an der bekanntermaßen platzsparenden Struktur eines rückgekoppelten Schieberegisters fest. Die Beschleunigung wird erzielt durch Einbettung der Testmuster in einer Schieberegisterfolge. Die Folge wird automatisch erzeugt, nachdem der Anfangsvektor in das Register geladen ist. Die in der Regel nichtlinerare Rückkopplungsfunktion bestimmt aus dem aktuellen Zustand des Automaten jeweils das erste Bit des Folgezustands. Die restliche Bits der Folgezustands ergeben sich aus der Schiebefunktion des Registers. Die Entwurfsaufgabe zerfällt in zwei Schritte:

1.   Bestimmung eine Schieberegisterzustandsfolge $\bar{y}(t)$ minimaler Länge, welche alle Vektoren einer vorab berechneten Testmusterfolge enthält.

2.   Berechnung der zugehörigen Rückkopplungsfunktion $y_1(t+1) = f(\bar{y})$.

Eine exakte Lösung der ersten Teilaufgabe entspricht dem Finden von Hamiltonsche Pfaden minimalen Gewichts in gerichteten Graphen /DAE82/. Mit vertretbarem Aufwand kann eine exakte Lösung nicht gefunden werden. Es wird deshalb ein suboptimaler Sortieralgorithmus vorgeschlagen.

Hierzu werden zunächst folgende Definitionen getroffen:

1.   Ein Nachfolger k-ter Ordnung ist ein Automatenzustand A, den ein Automat von seinem aktuellen Zustand B aus in nicht weniger als k Zyklen (Zustandsübergängen) erreichen kann.

2.   Ein Vorgänger k-ter Ordnung ist ein Automatenzustand B, von dem ein Automat seinen aktuellen Zustand A aus in nicht weniger als k Zyklen (Zustandsübergängen) erreichen kann.

3.   Ein Füllzustand C ist ei Zustand , den der Automat durchläuft beim Übergang von

aktuellen Zustand A zum Nachfolger B k-ter Ordnung ($k>1$) oder beim Übergang vom Vorgänger B k-ter Ordnung zum aktuellen Zustand.

Hieraus folgt:

1.   Ist A ein Vorgänger k-ter Ordnung von B, dann ist B ein Nachfolger k-ter Ordnung von A.

2.   Ist der Automat ein Schieberegister der Länge m und ist A ein Nachfolger k-ter Ordnung von B, dann sind die ersten m-k Komponenten von B gleich den letzten m-k Komponenten von A.

Abb. 7.2.4.1 verdeutlicht die Begriffe.

0 1 1 1   **Vorgänger 3. Ordnung**

1 0 1 1

0 1 0 1   **Füllzustände**

0 0 1 0   **aktueller Schieberegisterzustand**

1 0 0 1 | **Füllzustand**

1 1 0 0   **Nachfolger 2. Ordnung**

Abb. 7.2.4.1:   Beziehung zwischen Schieberegisterzuständen

Mit der obigen Notation läßt sich unmittelbar ein Sortieralgorithmus formulieren, welcher ausgehend von einer gegebenen Testmustermenge T_0 eine kurze Schieberegisterfolge $\vec{y}(t)$ erzeugt, die alle Testmuster von T_0 enthält:

1. Wähle ein beliebiges Testmuster aus T_0 als Startvektor der Schieberegister-zustandsfolge $\vec{y}(t)$ und entferne es aus T_0.

2. Suche für das letzte Element der Folge $\vec{y}(t)$ einen Nachfolger geringst möglicher Ordnung i.

3. Suche für das erste Element der Folge $\vec{y}(t)$ einen Vorgänger geringst möglicher Ordnung j.

4. Ist j kleiner als i, fahre fort mit 8.

5. Ist i größer als 1, bestimme die Füllvektoren und schreibe sie hinter das letzte Element von $\vec{y}(t)$.

6. Schreibe den gefundenen Nachfolger i-ter Ordnung an das Ende von $\vec{y}(t)$ und entferne ihn aus T_0.

7. Fahre fort mit 10.

8. Ist j größer als 1, bestimme die Füllvektoren und schreibe sie vor das erste Element von $\vec{y}(t)$.

9. Schreibe den gefundenen Vorgänger j-ter Ordnung an den Anfang von $\vec{y}(t)$ und entferne ihn aus T_0.

10. Wiederhole die Schritte 2 - 9 , bis T_0 leer ist

Die Komplexität des Algorithmus ist von der Ordnung n^2. Abb. 7.2.4.2 zeigt, wie aus einer ungeordneten Menge T_0 von Testmustern $\vec{y}_i$ eine von einem Schieberegister erzeugbare Folge $\vec{y}(t)$ ermittelt wird.

T_0:			$\vec{y}(t)$:	
$\vec{y}_1$	1100		1000	$\vec{y}(1) = \vec{y}_7$
$\vec{y}_2$	1111		0100	$\vec{y}(2) = \vec{y}_8$
$\vec{y}_3$	0110		0010	$\vec{y}(3) = \vec{y}_6$
$\vec{y}_4$	1001		1001	$\vec{y}(4) = \vec{y}_4$
$\vec{y}_5$	1110	**Sortieren**	1100	$\vec{y}(5) = \vec{y}_1$
$\vec{y}_6$	0010	$\longrightarrow$	0110	$\vec{y}(6) = \vec{y}_3$
$\vec{y}_7$	1000		1011	$\vec{y}(7)$
$\vec{y}_8$	0100		1101	$\vec{y}(8) = \vec{y}_9$
$\vec{y}_9$	1101		1110	$\vec{y}(9) = \vec{y}_5$
			1111	$\vec{y}(10) = \vec{y}_2$

Abb. 7.2.4.2:   Erstellen einer Schieberegisterfolge $\vec{y}(t)$ aus einer gegebenen Menge T_0 von Testmustern $\vec{y}_i$

Beginnend mit Testvektor $\vec{y}_1$ wurde die Folge in beide Richtungen entwickelt und nur ein Füllvektor $\vec{y}(7)$ eingefügt.

Der erste Schritt des Entwurfsverfahrens, das Sortieren der Testvektoren und die

Bestimmung einer kurzen, alle Testvektoren enthaltenden Schieberegisterfolge ist unabhängig von der Berechnung der Rückkopplungsfunktion. Die Folge $\vec{y}(t)$ könnte auch durch serielles Laden einer Bitfolge $b(t)$ in das Schieberegister erzeugt werden. Es soll jetzt eine Rückkopplung $y_1 = f(\vec{y})$ bestimmt werden, die so beschaffen ist, daß das Schieberegister autonom die Folge $\vec{y}(t)$ generiert. Es wird unterstellt, daß der Startvektor sich zu Anfang bereits in Register befindet.

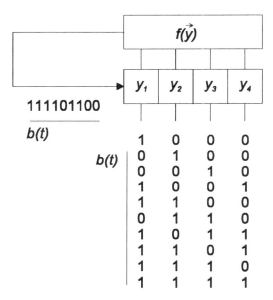

Abb. 7.2.4.3:   Erzeugung einer Testmusterfolge $\vec{y}(t)$ mit einem rückgekoppelten Schieberegister

Die Rückkopplungsfunktion muß derart beschaffen sein, daß sie aus dem aktuellen Zustand des Registers das erste Bit des Folgezustands berechnet. Sofern kein Schieberegisterzustand mehrfach duchlaufen wird, kann eine im allgemeinen unvollständige Funktionstabelle sofort aufgestellt und mit Standardminimierungsverfahren ein Rückkoplungsnetzwerk berechnet werden. Für das obige Beispiel ergibt sich als Rückkopplung die Funktion $\vec{y}_1(t+a) = f(\vec{y}(t)) = y_3(t) \vee y_4(t)$. Abb. 7.2.4.4 zeigt das nichtlinear rückgekoppelte Schieberegister für die obige Testmustermenge.

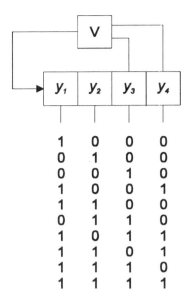

Abb. 7.2.4.4:   Nichtlinear rückgekoppeltes Schieberegister zur Erzeugung eine Testmusterfolge, welche vorab berechnete Muster enthält

Durch das Einfügen von Füllvektoren ist es möglich, daß einzelne Registerzustände mehrmals in der Schiebergisterfolge enthalten sind. Die Berechnung des ersten Bits des Folgezustands aus dem aktuellen Zustand des Registers ist dann nicht mehr möglich. Um dennoch die gewünschte Folge mit einem Schieberegister erzeugen zu können, ist die Registerlänge m solange zu erhöhen, bis keine Registerzustände mehr mehrfach in der Zustandsfolge enthalten sind. Testmuster der Länge k werden dann an den letzten k Bits des Registers abgegriffen.

Sollen zwecks Erkennung von CMOS-Unterbrechungsfehlern Testmusterkombinationen generiert werden, ist auch hier die Registerlänge des Generators zu verdoppeln. Die entsprechenden Bits der beiden Testmuster werden paarweise hintereinander angeordnet und bilden dann ein neues die Kombination beschreibendes Testmuster. Der restliche Entwurf des Generators erfolgt wie zuvor beschrieben.

7.3   Testdatenkompression

In den vorangegangen Kapiteln wurde davon ausgegangen worden, daß die zu jedem Eingangsmuster gehörenden Testantwort der zu prüfenden Schaltung mit einer Sollantwort verglichen wird. Dies ist im Falle eines Tests mit Hilfe eines externen Testautomaten gegeben. Auf Selbsttestverfahren ist dieses Vorgehen nicht übertragbar, insbesondere wenn infolge von Fehlern mit geringer Fehlererkennungswahrscheinlichkeit die zur Gewährleistung eines hohen Fehlererkennungsgrads erforderliche Pseudozufallsmustertestlänge groß ist. Die Bereitstellung der Sollantworten des Prüfling in einem zusätzlichen auf das IC zu integrierenden Lesespeicher oder ihre Berechnung in einem zusätzlichen Schaltkreis, eine Kopie des Prüflings, ist nur mit beträchtlichem Mehraufwand an Siliziumfläche möglich. Vor dem Soll-Ist-Vergleich findet daher eine Kompression der Testantworten des Prüfling statt. Die gesamte Ausgangsfolge der zu testenden Schaltung wird dabei auf nur ein Codewort moderater Länge abgebildet, welches dann mit einem Sollcodewort verglichen wird (Abb. 7.3.1).

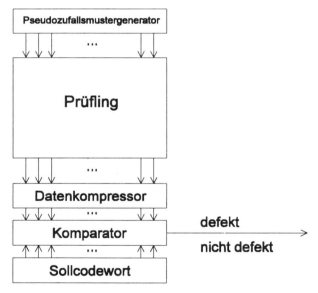

Abb. 7.3.1:   Selbsttestverfahren mit Datenkompression

Unterschiedliche Verfahren /CAR82, DAVR80, FRO77, HAY76, LOS78 PAR76, SAV80, SUS81/, wie das Zählen von Signalwechseln oder Einsen in der Ausgangsfolge, Paritätsbestimmung, Messen von Walshkoeffizienten und Signaturanalyse, wurden als Datenkompressionsverfahren vorgeschlagen. Allen gemein ist, daß nur ein einzelnes Codewort anstelle einer Folge von Sollantworten auf dem Schaltkreis zu speichern ist. Einher mit der Datenkompression geht ein Informationsverlust. Die Ausgangsdatenfolge kann anhand des Codewortes nicht mehr vollständig rekonstruiert werden. Verschiedene Ausgangsfolgen werden auf das gleiche Codewort abgebildet. Fehler in der zu testenden Schaltung werden nicht erkannt, wenn eine fehlerhafte Ausgangsfolge auf das gleiche Codewort abgebildet wird wie die fehlerfreie Ausgangsfolge. Dieser Effekt wird Fehlermaskierung oder Aliasing genannt. Die Qualität eines Datenkompressionsverfahren wird quantitativ erfaßt durch die Maskierungswahrscheinlichkeit, d.h. durch die Wahrscheinlichkeit, daß eine fehlerbehaftete Ausgangsfolge des Prüfling auf das gleiche Codewort abgebildet wird, wie die fehlerfreie Ausgangsfolge.

7.3.1   Signaturanalyse

Hewlett-Packard hat 1977 ein als Signaturanalyse /FROH77/ bekannt gewordenes Verfahren zur Datenkompression für den Leiterplattentest vorgeschlagen. Abb. 7.3.1.1 zeigt die Struktur eines Signaturregisters.

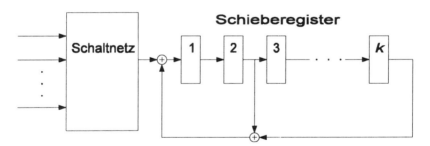

Abb. 7.3.1.1:   Struktur eines Signaturregisters

Das Schaltnetz wird synchron mit dem Schiebetakt des Schieberegister mit Eingangsmustern beaufschlagt. Das Ausgangssignal des Schaltnetzes wird modulo 2 zu einem gewonnen Rückkopplungssignal addiert und dem Eingang der ersten Registerzelle zugeführt. Das Rückkopplungssignal ist hier die modulo-2 Summe des Inhalts der zweiten und der letzten Registerzelle. Sobald die Ergebnisse der Verknüpfungen im zu testenden Netzwerk und am Eingang des Signaturregisters verfügbar sind, werden die Inhalte aller

Registerzelle um eine Stelle nach rechts verschoben und der Wert am Eingang der ersten Zelle in dieselbe übernommen. Jetzt kann das nächste Muster an den Eingang des Schaltnetzes gelegt werden und der gesamte Prozeß beginnt von vorn. Der Zustand des Registers, nachdem alle Eingangsmuster angelegt sind, wird Signatur genannt. Die Signatur ist das Codewort, welches am Endes Tests für den Soll-Ist-Vergleich benutzt wird.

Abb. 7.3.1.2 zeigt nochmals die Struktur eines Signaturregisters mit einem Eingang.

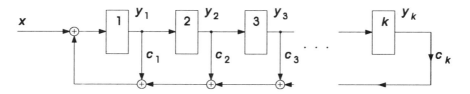

Abb. 7.3.1.2:   Signaturregister mit einem Eingang

Der Eingang $x(t)$ des Signaturregisters wird durch einen Eingangsvektor $\vec{x}(t) = (x(t),0,...,0)^T$ repräsentiert. Das Verhalten des Signaturregisters kann jetzt durch die folgende Matrizengleichung beschrieben werden:

$$\begin{bmatrix} y_1(t+1) \\ y_2(t+1) \\ y_3(t+1) \\ \vdots \\ y_k(t+1) \end{bmatrix} = \begin{bmatrix} c_1 & c_2 & c_3 & ... & 0 & c_k \\ 1 & 0 & 0 & ... & 0 & 0 \\ 0 & 1 & 0 & ... & 0 & 0 \\ \vdots & & & \ddots & & \vdots \\ 0 & 0 & 0 & ... & 1 & 0 \end{bmatrix} \cdot \begin{bmatrix} y_1(t) \\ y_2(t) \\ y_3(t) \\ \vdots \\ y_k(t) \end{bmatrix} \oplus \begin{bmatrix} x_1(t) \\ x_2(t) \\ x_3(t) \\ \vdots \\ x_k(t) \end{bmatrix}$$

$$\vec{y}(t+1) = C \cdot \vec{y}(t) \oplus \vec{x}(t) \qquad\qquad (7.3.1.1)$$

Für den Zustand des Signaturregisters zum Zeitpunkt t=j ergibt sich damit folgender Ausdruck:

$$\vec{y}(1) = C \cdot \vec{y}(0) \oplus \vec{x}(0)$$

$$\vec{y}(2) = C \cdot \vec{y}(1) \oplus \vec{x}(1) = C^2 \cdot \vec{y}(0) \oplus C\vec{x}(0) \oplus \vec{x}(1)$$

$$\vec{y}(3) = C \cdot \vec{y}(2) \oplus \vec{x}(2) = C^3 \cdot \vec{y}(0) \oplus C^2 \cdot \vec{x}(0) \oplus C \cdot \vec{x}(1) \oplus \vec{x}(2)$$

allgemein

$$\vec{y}(j) = C^j \cdot \vec{y}(0) \oplus \sum_{i=0}^{j-1} C^{j-1-i} \cdot \vec{x}(i)$$

$$(7.3.1.2)$$

Bei einer Testlänge j ist $\vec{y}(j)$ die Sollsignatur der Ausgangsfolge des Prüflings. Ein defekter Prüfling reagiert bei geeigneter Wahl der Testmuster mit einer von $\vec{x}(t)$ verschiedenen Ausgangsfolge $\vec{x}'(t)$. $\vec{x}'(t)$ sei die Überlagerung der fehlerfreien Ausgangsfolge $\vec{x}(t)$ und einer Fehlerfolge $\vec{e}(t) = (e(t), 0, \dots, 0)^T$.

$$\vec{x}'(t) = \vec{x}(t) \oplus \vec{e}(t) \quad , \quad 0 \le t \le j \qquad (7.3.1.3)$$

$\vec{e}(t)$ ist von Null verschieden, wenn immer sich die Folgen $\vec{x}(t)$ und $\vec{x}'(t)$ unterscheiden. Wird der Prüfling mit Pseudozufallsmustern erregt, dann ist die Wahrscheinlichkeit, daß $e(t) = 1$ ist, gleich der Fehlererkennungswahrscheinlichkeit gemäß (4.1.13). Die Signatur für die fehlerhafte Ausgangsfolge $\vec{x}'(t)$ berechnet sich zu:

$$\vec{y}'(j) = C^j \cdot \vec{y}(0) \oplus \sum_{i=0}^{j-1} C^{j-1-i} \cdot \vec{x}'(i)$$

$$= C^j \cdot \vec{y}(0) \oplus \sum_{i=0}^{j-1} C^{j-1-i} \cdot (\vec{x}(i) \oplus \vec{e}(i))$$

$$= \left[C^j \oplus \sum_{i=0}^{j-1} C^{j-1-i} \cdot \vec{x}(i) \right] \oplus \sum_{i=0}^{j-1} C^{j-1-i} \cdot \vec{e}(i)$$

$$\vec{y}'(j) = \vec{y}(j) \oplus \sum_{i=0}^{j-1} C^{j-1-i} \cdot \vec{e}(i) = \vec{y}(j) \oplus \vec{y}_e(j)$$

Die Signatur $\vec{v}'(j)$ der fehlerhaften Ausgangsfolge $\vec{x}'(t)$ ist damit gleich der Signatur $\vec{y}(j)$ der fehlerfreien Ausgangsfolge $\vec{x}(t)$ plus der Signatur $\vec{y}_e(j)$ der Fehlerfolge $\vec{e}(t)$, wenn der Anfangszustand $\vec{y}(0) = (0, \dots, 0)^T$ ist. Fehlermaskierung tritt auf, wenn es mindestens ein $\vec{e}(t) \ne \vec{0}$ gibt und die Fehlersignatur $\vec{y}_e(j) = (0, \dots, 0)^T$ ist. Die Fehlermaskierung im Signaturregister ist unabhängig von der Ausgangsfolge $\vec{x}(t)$ der untersuchten Schaltung. Dies erlaubt eine weitestgehend von der untersuchten Schaltung unabhängige Untersuchung der Maskierungseigenschaften von Signaturregistern. Im folgenden wird daher ohne Beschränkung der Allgemeinheit immer angenommen, daß das Signaturregister im Anfangszustand $\vec{y}(0) = (0, \dots, 0)^T$ startet und daß die fehlerfreie Schaltung eine Ausgangsfolge

$\vec{x}(t) = (0, \ldots ,0)^{T}$ für $0 \le t < j$ liefert.

Durch die bisherigen Untersuchungen konnte die Unabhängigkeit der Fehlermaskierung von der Sollausgangsfolge der zu testenden Schaltung gezeigt werden. Zur Identifikation der Fehlerfolgen, welche zur Fehlermaskierung führen, ist eine eingehendere Analyse des Verhaltens von Signaturregistern erforderlich. Insbesondere die Frage, wie eine Eingangsfolge $\vec{x}(t)$ auf eine Ausgangsfolge $\vec{y}(t)$ abgebildet wird, ist hier von Interesse.

Diese Analyse erfolgt mit Hilfe der D-Transformation /BOO67/. Bei einer fehlerfreien Ausgangsfolge $\vec{x}(t) = (0, \ldots ,0)^{T}$ wird das Verhalten des Signaturregisters im Zeitbereich beschrieben durch die folgende Gleichung:

$$\vec{y}(t+1) = C \cdot \vec{y}(t) \oplus \vec{e}(t) \qquad (7.3.1.5)$$

Wendet man die D-Transformation auf beide Seiten der Gleichung an und setzt $\vec{y}(0) = (0, \ldots ,0)^{T}$, erhält man

$$D(\vec{y}(t+1)) = C \cdot D(\vec{y}(t)) \oplus D(\vec{e}(t))$$

$$D^{-1} \cdot \vec{Y}(D) = C \cdot \vec{Y}(D) \oplus \vec{E}(D) \qquad (7.3.1.6)$$

Durch Auflösen nach $\vec{Y}(D)$ erhält man:

$$(1 \oplus D \cdot C) \cdot \vec{Y}(D) = D \cdot \vec{E}(D) \qquad (7.3.1.7)$$

bzw.

$$\vec{Y}(D) = D \cdot (1 \oplus D \cdot C)^{-1} \cdot \vec{E}(D) \qquad . \qquad (7.3.1.8)$$

Für die Fehlerfolgen $\vec{e}(t) = (e(t),0,\ldots ,0)^{T}$ und die Übergangsmatrix C gemäß (7.3.1.1) ergibt sich folgende Beziehung zwischen der transformierten Zustandsfolge $\vec{Y}(D)$ und Fehlerfolge $e(D)$:

$$\vec{Y}(D) = [D,D^{2},D^{3},\ldots ,D^{k}]^{T} \cdot \frac{e(D)}{p(D)} \qquad (7.3.1.9)$$

mit

$$p(D) = \det(1 \oplus D \cdot C) = \sum_{i=1}^{k} c_i \cdot D^i \oplus 1 \qquad (7.3.1.10)$$

bzw.

$$y_l(D) = D^l \cdot \frac{e(D)}{p(D)}$$

$$= \sum_{i}^{i} a_{il} \cdot D^i \qquad (7.3.1.11)$$

$p(D)$ ist das charakteristische Polynom der Matrix C. Bei endlicher Länge j der Fehlerfolge $e(t)$ ist $e(D)$ ein Polynom von Grade j-1. Im Falle der Fehlermaskierung ist auch jedes Polynom $y_l(D)$ ein Polynom vom Grade j-1. Gemäß (7.3.1.11) kann jedes Polynom $y_l(D)$ als Produkt $D^l p'(D)$ dargestellt werden. Für $l=k$ folgt, daß unter der Bedingung, daß Fehler maskiert werden, $p'(D) = e(D) \cdot 1/p(D)$ ein Polynom vom Grad m-k-1 sein muß. Dies ist nur möglich, wenn $p(D)$ ein Faktor von $e(D)$ ist.

Es gilt damit:

S1: Fehlermaskierung tritt genau dann auf, wenn die D-Transformierte der Fehlerfolge ohne Rest durch das charakteristische Polynom geteilt werden kann.

Beweis: s.o. □

Daraus folgt zunächst unmittelbar

C1: Maskierung tritt nicht auf, solange die Testlänge j geringer als die Registerlänge k ist.

Beweis: Jede auf Maskierung führende Fehlerfolge $e(t)$ wird repräsentiert durch ein Polynom

$$e(D) = p(D) \cdot p'(D)$$

$$= \left(\sum_{i=1}^{k} c_i \cdot D^i \oplus 1 \right) \cdot \sum_{l=0}^{j} a_l D^l$$

$$= \sum_{r=0}^{k+j} D^r \cdot \left(\sum_{l=1}^{r-1} a_l \cdot c_{r-l} \oplus a_r \right)$$

$e(D)$ ist damit ein Polynom vom Grade $k+j \geq k$. Dies widerspricht der Forderung, daß die Testlänge kleiner als die Registerlänge ist. □

Für Testlängen $n \geq k$ ergibt sich eine erste einfache Möglichkeit die Maskierungswahrscheinlichkeit zu berechnen. Es gibt 2^m-1 mögliche von der Nullfolge verschieden Fehlerfolgen $e(t)$. Aus dem Grad von $p'(D)$ folgt, daß es 2^{m-k}-1 von der Nullfolge verschiedene Fehlerfolgen gibt, die zur Fehlermaskierung führen. Sind alle Fehlerfolgen gleichwahrscheinlich, wird die Maskierungswahrscheinlichkeit durch das Verhältnis der Anzahl der maskierende Fehlerfolgen zur Gesamtzahl der Fehlerfolgen bestimmt.

$$P_M = \frac{2^{m-k}-1}{2^m-1}$$

$$= 2^{-k} \cdot \left(1 - \frac{1}{2^{m-k}}\right) \cdot \left(1 + \frac{1}{2^m-1}\right)$$

$$\approx 2^{-k} \quad \text{für m»k}$$

Dieses Ergebnis wurde bereits von Frohwerk /FRO77/ angegeben. In der Annahme der Gleichwahrscheinlichkeit aller Fehlerfolgen $e(t)$ ist implizit enthalten die Annahme, daß ein beliebiges Element der Fehlerfolge mit der Wahrscheinlichkeit $p=0,5$ der den Wert 1 hat, bzw, daß im Mittel jedes zweite Element der fehlerhaften Ausgangsfolge $\vec{x}'(t)$ sich vom entsprechenden Element der fehlerfreien Folge $\vec{x}(t)$ unterscheidet /SMI80/. Bei Gültigkeit dieser Annahme wäre es, wie Smith /SMI80/ konstatierte, vollkommen ausreichend nur die letzten k Elemente der Fehlerfolge zu betrachten. Die Wahrscheinlichkeit, daß die letzten k Elemente der Fehlerfolge $e(t)$ alle 0 sind, ist ebenfalls 2^{-k}. Die Gültigkeit der Annahme der Gleichwahrscheinlichkeit aller Fehlerfolgen muß daher bezweifelt werden.

Wie bereits ausgeführt, ist bei einem Schaltkreis mit einem Ausgang und bei Erregung der Eingänge mit Pseudozufallsmustern die Wahrscheinlichkeit einer 1 in der Fehlerfolge gleich der Fehlererkennungswahrscheinlichkeit p_T gemäß (5.1.13). Diese kann, wie Tabelle 5.4.1 dokumentiert, deutlich kleiner als 0,5 sein. Beispiele, in denen p_T wesentlich größer als 0,5 ist, lassen sich ebenfalls konstruieren. Erstmals in /WIL86/ wurde die Fehlererkennungswahrscheinlichkeit bei der Berechnung der Maskierungswahrscheinlichkeit berücksichtigt. Die Authoren nutzen dabei folgenden Satz über Signaturregister:

S2:   Jedes Signaturregister der Länge k kann durch eine Folge $e(t)$ der Länge k von einem beliebigen Zustand $\vec{y}_i(t)$ in jeden anderen Zustand $\vec{y}_j(t+k)$ überführt werden.

Beweis: Siehe /WIL86/   □

Betrachtet man eine Fehlerfolge $e(t)$, $0 \leq t < m$, der Länge $m > k$, dann ist die Wahrscheinlichkeit für die Fehlermaskierung gegeben durch die Wahrscheinlichkeit, mit der das Signaturregister durch die letzten k Elemente der Folge in den Zustand $\vec{y}=(0,...,0)^T$

überführt wird. Diese Wahrscheinlichkeit wird maximal, wenn bei geringer Wahrscheinlichkeit P(e(t)=1)=p_T alle k Elemente e(t)=0 ,m-k≤t<m, sein müssen. Eine untere Grenze ergibt sich durch analoge Überlegungen. Abhängig vom Wert der Fehlererkennungswahrscheinlichkeit p_T erhält man daher folgende Grenzen:

$$p_T^k \leq P_M \leq (1-p_T)^k \quad , \quad 0 \leq p_T \leq 0{,}5 \qquad (7.3.1.14)$$

und

$$(1-p_T)^k \leq P_M \leq p_T^k \quad , \quad 0{,}5 \leq p_T \leq 1 \qquad (7.3.1.15)$$

Abb. 7.3.1.3 zeigt die Grenzen der Maskierungswahrscheinlichkeit für ein Signaturregister der Länge k=3.

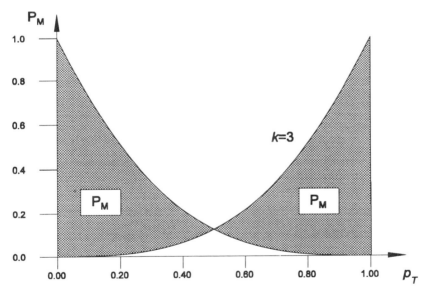

Abb. 7.3.1.3:   Grenzen der Maskierungswahrscheinlichkeit P_M für unterschiedliche Fehlererkennungswahrscheinlichkeiten p_T /WIL86/.

Für Werte p_T≈0,5 liegen obere und untere Grenze dicht beisammen und bei p_T=0,5 fallen die Grenzen zusammen auf den bereits durch Frohwerk genannten Wert. Bei schwer erkennbaren und sehr leicht erkennbaren Fehlern strebt die obere Grenze jedoch gegen 1 und ist damit nur bedingt brauchbar. Zur Untersuchung der Fehlermaskierung wird in diesen Fällen eine Modellierung des Verhaltens des Signaturregisters durch einen Markovprozeß gewählt.

Ein Markovprozeß wird in ähnlicher Weise durch einen Zustandsgraphen beschrieben wie sequentielle Maschinen. Abb. 7.3.1.4 zeigt den Zustandsgraphen eines Signaturregisters der Länge 2. Die Knoten des Graphen stellen die Zustände des Registers dar, und den Kanten sind Eingangsymbole zugeordnet, welche die entsprechenden Zustandsübergänge bewirken.

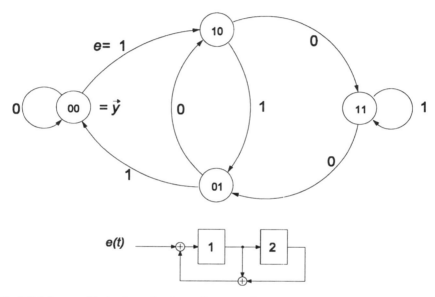

Abb. 7.3.1.4:   Zustandsgraph eines Signaturregisters mit charakteristischem Polynom $D^2 \oplus D \oplus 1$.

Wenn die Eingangsfolge des Signaturregisters statistische Eigenschaften einer Zufallsfolge besitzt, erfolgen die Zustandübergänge mit den Wahrscheinlichkeiten der zugehörigen Eingangssymbole. Die Eingangsfolge ist hier die Fehlerfolge $e(t)$ und die Wahrscheinlichkeit $P(e(t)=1)$ ist gleich der Fehlererkennungswahrscheinlichkeit $p_T=p$. Ersetzt man die Eingangssymbole an den Kanten des Graphen durch die zugehörigen Wahrscheinlichkeiten, erhält man den Übergangsgraphen eines Markovprozesses, welcher das Verhalten des Signaturregisters bei Erregung mit Zufallsmustern beschreibt (Abb. 7.3.1.5).

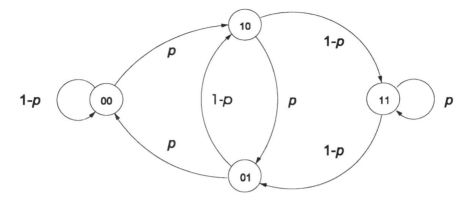

Abb. 7.3.1.5:   Übergangsgraph eines Markovprozesses für ein Signaturregisters mit charakteristischem Polynom $D^2 \oplus D \oplus 1$

p_{ij} sei im folgenden die Wahrscheinlichkeit eines Übergangs von Zustand $\vec{y}_i$ nach $\vec{y}_j$ in einem Schritt. Es werde ferner angenommen, daß p_{ij} konstant ist. Dies ist der Fall, wenn die Fehlererkennungswahrscheinlichkeit sich während des Tests nicht ändert, z.B. durch Auftreten eines zusätzlichen Defekts. Jedem Zustand $\vec{y}_i$ des Signaturregisters wird eine Wahrscheinlichkeit $\pi_i(t)$ zugeordnet derart, daß $P(\vec{y}(t)=\vec{y}_i) = \pi_i(t)$ ist. Ein Markovprozeß wird jetzt beschrieben durch die Matrix $P=(p_{ij})$ der Übergangswahrscheinlichkeiten und einen Zustandsvektor $\vec{\pi}(t) = (\pi_1(t), \pi_1(t), ..., \pi_n(t))$. Man beachte, daß ein Signaturregister der Länge k $n=2^k$ Zustände hat. Die Übergangsmatrix P hat daher den Rang 2^k während die Folgezustandsmatrix C des Signaturregisters nur den Rang k hat. Der Anfangszustand des Markovprozesses ist gegeben durch $\pi(0)$, und $\pi_i(0)$ ist die Wahrscheinlichkeit, daß das Signaturregister zur Zeit $t=0$ sich in Zustand $\vec{y}_{ii}$ befindet. Die Wahrscheinlichkeiten $\pi_i(t)$ der Zustände $\vec{y}_i$ zu einem Zeitpunkt $t=j$ berechnen sich zu

$$\pi(1) = [\pi_1(1), \pi_2(1), ..., \pi_n(1)] = \pi(0) \cdot P$$

$$\pi(2) = \pi(1) \cdot P = \pi(0) \cdot P^2$$

$$...$$

$$\pi(j) = \pi(0) \cdot P^j \qquad\qquad (7.3.1.16)$$

mit

$$\sum_{i=1}^{2^k} \pi_i = 1$$

(7.3.1.17)

Die Matrix P der Übergangswahrscheinlichkeiten weist darüber hinaus folgenden Eigenschaften auf:

-    Für alle Elemente p_{ij} der Matrix gilt:

$$p_{ij} \geq 0 .$$

(7.3.1.18)

Dies folgt unmittelbar aus der Tatsache, daß es sich um Übergangswahrscheinlichkeiten handelt, welche immer aus dem Intervall $0 \leq p_{ij} \leq 1$ stammen.

-    Die Summe über alle Elemente einer Reihe von P ist 1.

$$\sum_{j=1}^{2^k} p_{ij} = 1$$

(7.3.1.19)

Man nennt die Matrix dann auch stochastisch. Diese Eigenschaft haben alle Übergangswahrscheinlichkeitsmatrizen von Markovprozessen.
Beweis: Siehe /FIS76/.   □

-    Die Summe über alle Elemente einer Spalte von P ist 1.

$$\sum_{i=1}^{2^k} p_{ij} = 1$$

(7.3.1.20)

Beweis: In den Spalten stehen die Wahrscheinlichkeiten für Übergänge von allen Zuständen $\vec{y}_i$ nach Zustand $\vec{y}_j$. Wird zumindest das letzte Bit des Signaturregisters zurückgekoppelt, gibt es für einen gegebenen Zustand $\vec{y}_j$ genau zwei mögliche Vorgängerzustände $\vec{y}_i$. Die Eingangssignale, welche die entsprechenden Übergänge bewirken, sind $e(t)=0$ und $e(t)=1$. Die zugehörigen Wahrscheinlichkeiten für die Übergänge ergeben sich damit zu $1-p$ und p, sodaß (7.3.1.20) gilt.   □

Eine Matrix, für die sowohl (7.3.1.19) als auch (7.3.1.20) erfüllt ist, heißt doppelt stochastisch.

Da es gemäß S2 für jeden Zustandsübergang von einem beliebigen Zustand $\vec{y}_i$ zu einem anderen beliebigen Zustand $\vec{y}_j$ eine Folge $e(t)$ endlicher Länge gibt, die diesen Übergang bewirkt, ist der Markovprozeß auch ergodisch. Für $0<p<1$ und $j\to\infty$ streben die

Zustandswahrscheinlichkeiten $\pi_i(j)$ dann gegen einen stationären Endwert. Dieser berechnet sich allgemein als Lösung von

$$\vec{\pi} = \vec{\pi} \cdot P \quad . \tag{7.3.1.21}$$

Für ergodische Markovprozesse mit doppelt stochastischer Übergangswahrscheinlichkeitsmatrix P kann die stationäre Lösung gemäß (7.3.1.21) einfach aus der Zahl n der Zustände des Prozesses ermittelt werden. Hier gilt /FEL65/:

$$\lim_{j \to \infty} \pi_i(j) = 1/n = 2^{-k} \tag{7.3.1.22}$$

Nach hinreichend langer Zeit ist unabhängig von Anfangszustand jeder Zustand des Signaturregisters gleichwahrscheinlich.

Im folgenden werde mit π_1 die Wahrscheinlichkeit des Nullzustands $\vec{y}_1 = (0,0,...,0)$ bezeichnet. Setzt man $\pi_1(0)=1$ und $\pi_i(0)=0$, $2 \le i \le n$, dann ist $\pi_1(t)$ die Wahrscheinlichkeit, daß das Signaturregister sich zu Beginn des Test im Zustand $\vec{y}_1 = (0,0,...,0)$ befand und zum Zeitpunkt t in diesen Zustand zurückgekehrt ist. Die Maskierungswahrscheinlichkeit erhält man hieraus, indem man den Fall ausschließt, daß das Register ständig im Nullzustand verharrt.

$$\begin{aligned} P_M(j) &= \pi_1(j) - P(e(t)=0, \; 0 \le t \le j) \\ &= \pi_1(j) - (1-p)^j \end{aligned} \tag{7.3.1.23}$$

Hieraus folgt:

S3: Der stationäre Wert der Maskierungswahrscheinlichkeit P_M eines Signaturregisters der Länge k ist unabhängig von der Fehlerwahrscheinlichkeit $P(e(t)=1)=p$

$$P_M = 2^{-k} \tag{7.3.1.24}$$

wenn zumindest das letzte Bit des Registers zurückgekoppelt wird.

<u>Beweis:</u> Der Satz folgt unmittelbar aus (7.3.1.22) und (7.3.1.23).   □

Das charakteristische Polynom $p(D)$ hat damit keinen Einfluß auf den Endwert der Maskierungswahrscheinlichkeit.

Durch S3 ist nur der stationäre Wert der Maskierungswahrscheinlichkeit P_M bestimmt. Jetzt soll bestimmt werden, wie sich P_M diesem Wert nähert. Abb. 7.3.1.6 zeigt ein Signaturregister der Länge 3, sein charakteristisches Polynom und den Übergangsgraphen des Markovprozesses.

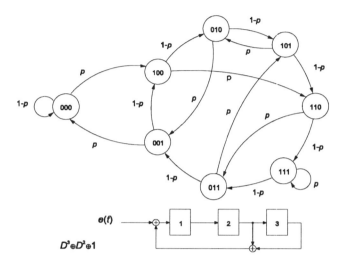

Abb. 7.3.1.6:   Markovprozeß für ein Signaturregister mit primitiver charakteristischer Funktion

Das charakteristische Polynom ist primitiv, d.h. es kann nicht in Faktoren zerlegt werden und bei konstantem Eingangssignal $e(t)$ durchläuft das Register eine Zustandsfolge maximaler Länge /GOL67/. Für kleine Werte der Fehlerwahrscheinlichkeit p durchläuft, nachdem ein Fehler erstmals aufgetreten ist, das Signaturregister eine zyklische Folge von Zuständen entlang der mit $1-p$ gekennzeichneten Schleife. Die Schleife hat eine Länge von 2^k-1. Dies gilt für alle Signaturregister, deren charakteristisches Polynom primitiv ist. Ist die Fehlerwahrscheinlichkeit p hoch, durchläuft das Register ebenfalls eine Schleife gleicher Länge, die jetzt aber durch p gekennzeichnet ist und den Nullzustand einschließt. Das Zeitverhalten der Maskierungswahrscheinlichkeit entspricht daher hier dem einer gedämpften Schwingung. Abb. 7.3.1.7 zeigt den Verlauf der Maskierungswahrscheinlichkeit für $p=0{,}05$ und $p=0{,}95$.

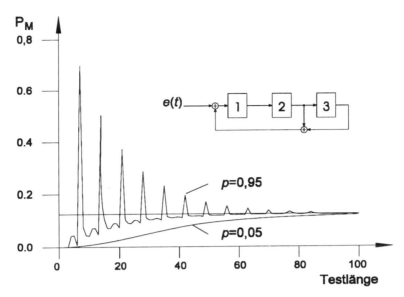

Abb. 7.3.1.7: Transientes Verhalten der Maskierungswahrscheinlichkeit für ein Signaturregister $D^3 \oplus D^2 \oplus D \oplus 1$ und p=0,05 und p=0,95.

Zur quantitativen Untersuchung des dynamischen Verhaltens des Markovprozesses wird die z-Transformation einer reellwertigen zeitdiskreten Funktion $f(t)$ eingeführt /OPP75/.

$$Z(f(t)) = F(Z) = f(0) + z^{-1}{\cdot}f(1) + \dots$$

$$= \sum_{t=0}^{\infty} f(t){\cdot}z^{-1} \tag{7.3.1.25}$$

Tabelle 7.3.1.1 zeigt einige Transformationspaare.

Tabelle 7.3.1.1:   z-Transformationspaare

	Funktion	z-Transformierte
1.	$f(n)$	$F(z)$
2.	$a_1 \cdot g(n) + a_2 \cdot h(n)$	$a_1 \cdot G(z) + a_2 \cdot H(z)$
3.	$f(n+1)$	$z \cdot (F(z) - f(0))$
4.	α^n	$\dfrac{z}{z-\alpha}$
5.	$n \cdot \alpha^n$	$\dfrac{z}{(z-\alpha)^2}$
6.	$e^{-\beta n} \cdot \cos(\omega_0 n)$	$\dfrac{z \cdot (z - e^{-\beta}\cos\omega_0)}{z^2 - 2ze^{-\beta}\cos\omega_0 + e^{-2\beta}}$
7.	$e^{-\beta n} \cdot \sin(\omega_0 n)$	$\dfrac{ze^{-\beta}\sin\omega_0}{z^2 - 2ze^{-\beta}\cos\omega_0 + e^{-2\beta}}$
8.	$f(\infty)$	$\lim\limits_{z \to 1} (z-1) \cdot f(z)$

Das dynamische Verhalten des Markovprozesses wird durch die folgende Differenzengleichung beschrieben:

$$\pi(n+1) = \pi(n) \cdot \mathbf{P} \qquad (7.3.1.26)$$

Durch Anwendung der Transformation auf beide Seiten der Gleichung erhält man:

$$z \cdot (\Pi(z) - \pi(0)) = \Pi(z) \cdot \mathbf{P} \qquad (7.3.1.27)$$

Auflösen nach $\Pi(z)$ ergibt

$$\Pi(z) = \pi(0) \cdot z \cdot (z \cdot \mathbf{1} - \mathbf{P})^{-1} \qquad (7.3.1.28)$$

Die Anwendung des Transformationspaares 4 aus Tabelle 7.3.1.1 liefert sofort wieder (7.3.1.16). Der Ausdruck $z \cdot (z \cdot \mathbf{1} - \mathbf{P})^{-1}$ hat zwei wichtige Eigenschaften: Erstens liegen alle Pole, d.h. Nullstellen von $\det(z \cdot \mathbf{1} - \mathbf{P})$ innerhalb des Einheitskreises, da andernfalls die Lösung divergieren würde, was aber wegen $0 \le \pi_i(n) \le 1$ nicht möglich ist. Ferner hat bei ergodischen Markovprozessen $\det(z \cdot \mathbf{1} - \mathbf{P})$ immer einen Faktor $(1-z)$ /BOO67/. Dieser Term führt auf die stationäre Lösung, welche $1/2^k$ für jedes π_i ist. Das dynamische Verhalten wird

durch die Pole $z \neq 1$ bestimmt. Komplexe Pole führen zu auf Oszillationen der Zustandswahrscheinlichkeiten und damit auch zu Oszillationen der Maskierungswahrscheinlichkeit.
Die Determinante von $(z \cdot \mathbf{1} - P)$ hat immer die Form /Wil88/

$$\det(z \cdot \mathbf{1} - P) = (z-1) \cdot (z^{r_1} - (1-2p)^{r_1}) \cdot \ldots \cdot (z^{r_j} - (1-2p)^{s_j} \tag{7.3.1.29}$$

mit

$$\sum_{i=1}^{j} r_i = 2^k - 1 \quad . \tag{7.3.1.30}$$

Daraus folgt, daß für $p=1/2$ unabhängig von der Rückkopplung des Signaturregisters ein
Pol bei $z=1$ und alle anderen Pole im Ursprung liegen. In diesem Fall sind bei einem
Signaturregister der Länge k nach k Zyklen alle Zustände gleichwahrscheinlich.

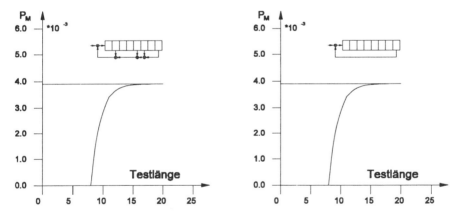

Abb. 7.3.1.8: Maskierungsverhalten von Signaturregistern mit primitivem und reduziblem
charakterischem Polynom für $p=0,5$

Abb. 7.3.1.8 zeigt das identische Verhalten von Signaturregistern der Länge 8 mit
primitivem und reduziblem charakteristischen Polynom.

Für Register mit primitivem charakteristischen Polynom $p(D)$ erhält man immer
folgende die Pole bestimmende Determinante:

$$\det(z \cdot \mathbf{1} - P) = (z-1) \cdot (z^{2^k-1} - (1-2p)^{2^k-1}) \tag{7.3.1.31}$$

Die Größe der Pole beträgt

$$|1-2p|^{2^{k-1}/2^k-1} \approx \sqrt{|1-2p|} \quad .$$

(7.3.1.32)

Die von 1 verschiedenen Pole sind gleichmäßig auf einen Kreis um den Ursprung verteilt. Bei Signaturregistern mit reduziblem charakteristischen Polynom sind die Pole auf mehreren konzentrischen Kreisen um den Ursprung verteilt, von denen mindestens einer einen größeren Radius hat. Beachtet man, daß Pole nahe dem Einheitskreis Schwingungen mit geringer Dämpfung entsprechen, während Pole nahe dem Ursprung für stark gedämpfte Schwingungen stehen, dann folgt, daß bei Signaturregistern mit primitivem charakteristischen Polynom die Maskierungswahrscheinlichkeit P_M sich am schnellsten auf dem stationären Wert einpendelt. Abb. 7.3.1.9 verdeutlicht dies für zwei Signaturregister der Länge 8. Es handelt sich um Register mit charakteristischem Polynom $D^8 \oplus D^6 \oplus D^5 \oplus D \oplus 1$ und $D^8 \oplus 1 = (D \oplus 1)^8$. Letzteres wurde 1980 von David /DAVR80/ vorgeschlagen wurde und weist eine besonders einfache Form des Rückkopplungsnetzwerks auf.

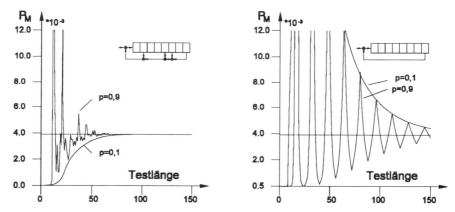

Abb. 7.3.1.9   Maskierungsverhalten von Signaturregistern mit primitivem und reduziblem charakteristischen Polynom für $p=0,1$ und $p=0,9$.:

Abb. 7.3.1.9 zeigt, daß insbesondere im Fall hoher Fehlerwahrscheinlichkeiten p mit einer merklichen Einschwingzeit der Maskierungswahrscheinlichkeit auf den stationären Endwert 2^{-k} gerechnet werden muß. Vernachlässigt man die Oszillationen und betrachtet nur die Einhüllende, erhält man eine grobe Abschätzung über die Maxima der Maskierungswahrscheinlichkeit P_M sowie die Einschwingzeit bei Signaturregistern mit primitivem charakteristischen Polynom, indem man die Koeffizienten für jede durch die Pole gegebene

Teillösung zu 1 setzt. Die Einhüllende ist gegeben durch die Größe der Pole, welche sich aus (7.3.1.31) für k>4 näherungsweise zu $\sqrt{|1-2p|}$ berechnet. Eine oberer Grenze für die Maskierungswahrscheinlichkeit ist damit gegeben durch

$$P_M < 2^{-k} + (2^k-1) \cdot |1-2p|^{n/2}$$

(7.3.1.33)

Erlaubt man eine 10 %ige Abweichung der Maskierungswahrscheinlichkeit vom stationären Wert, dann berechnet sich die Einschwingzeit zu

$$n = 1{,}4 \cdot \frac{k}{1-p}$$

(7.3.1.34)

für $p \approx 1$. Tabelle 7.3.1.2 gibt einen Überblick die Einschwingzeiten.

Tabelle 7.3.1.2:   Einschwingzeiten n von Signaturregistern mit primitivem charakteristischen Polynom $p(D)$

		Registerlänge k			
n		4	8	16	32
	0,7	19	37	75	149
Fehler-wahrschein-lichkeit p	0,8	28	56	112	224
	0,9	56	112	224	448
	0,95	112	224	448	896

7.3.2   Mehrfacheingangssignaturregister

Signaturregister mit nur einem Eingang sind als Testhilfe für den Selbstest von integrierten Schaltungen nur eingeschränkt brauchbar. Zu testende Module innerhalb einer komplexen Schaltung verfügen selten über nur einen Ausgang. In /KOEN80/ wurden daher bereits Erweiterungen für Signaturregister angegeben, welche die parallele Kompression von mehreren Ausgangsfolgen erlauben. Abb. 7.3.2.1 zeigt ein Beispiel eines solchen Signaturregisters mit mehreren Eingängen. Der zweite Eingang wurde geschaffen, indem ein zusätzliches Exklusiv-Oder-Gatter in den Pfad zur zweiten Registerzelle eingefügt wurde.

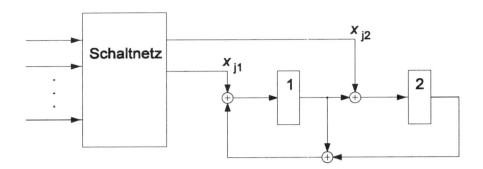

Abb. 7.3.2.1:   Datenkompression mit einem Mehrfacheingangssignaturregister

Datenkompressoren dieser Art bezeichnet man als Mehrfacheingangssignaturregister. Ein spezieller Typ dieser Signaturregister wurden bereits von David /DAVR84/ untersucht. Er konnte aber nur Aussagen für den Fall machen, daß die Fehlerwahrscheinlichkeit an jedem Eingang des Registers gleich war. Abb. 7.3.2.2 zeigt die grundsätzliche Struktur eines Mehrfacheingangssignaturregisters mit lineare Rückkopplung.

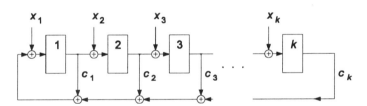

Abb. 7.3.2.2:   Allgemeine Struktur eines Mehrfacheingangssignaturregisters

Die Operation des Mehrfacheingangssignaturregisters wird ähnlich wie schon beim Signaturregister mit nur einem Eingang in Matrizenschreibweise beschrieben. Der Zustand des Registers wird repräsentiert durch einen Spaltenvektor

$$\vec{y}(t) \ = \ (y_1(t), y_2(t), ..., y_k(t))^T \quad , \ y_i \in GF(2) \tag{7.3.2.1}$$

In gleicher Weise wird auch ein Spaltenvektor

$$\vec{x}(t) \ = \ (x_1(t), x_2(t), ..., x_k(t))^T \quad , \ x_i \in GF(2) \tag{7.3.2.2}$$

zur Beschreibung der Eingangssignale verwendet. Der Folgezustand $\vec{y}(t+1)$ wird berechnet durch Addition des Eingangsvektors zu dem Produkt aus einer Folgezustandsmatrix C mit dem aktuellen Zustand. Die Folgezustandsmatrix C ist hat die gleiche Form wie bei einen Signaturregister mit nur einem Eingang (vergleiche 6.3.1.1).

$$
\begin{pmatrix} y_1(t+1) \\ y_2(t+1) \\ y_3(t+1) \\ \vdots \\ y_k(t+1) \end{pmatrix} = \begin{pmatrix} c_1 & c_2 & c_3 & \cdots & c_{k-1} & c_k \\ 1 & 0 & 0 & \cdots & 0 & 0 \\ 0 & 1 & 0 & \cdots & 0 & 0 \\ & & \vdots & \ddots & & \vdots \\ 0 & 0 & 0 & \cdots & 1 & 0 \end{pmatrix} \cdot \begin{pmatrix} y_1(t) \\ y_2(t) \\ y_3(t) \\ \vdots \\ y_k(t) \end{pmatrix} \oplus \begin{pmatrix} x_1(t) \\ x_2(t) \\ x_3(t) \\ \vdots \\ x_k(t) \end{pmatrix}
$$

(7.3.2.3)

$$
\vec{y}(t+1) = C \cdot \vec{y}(t) \oplus \vec{x}(t)
$$

(7.3.2.4)

Dies ist formal die gleiche Beschreibung, wie Sie schon bei einfachen Signaturregistern benutzt wurde. Ein Unterschied ergibt sich allein beim Eingangsvektor, $\vec{x}(t)$ welcher jetzt auch von null verschiedene Elemente $x_j(t)$, $1<j\leq k$, enthalten kann. Der Zustand $\vec{y}(j)$ des Registers am Ende eines Tests der Länge j wird weiterhin als Signatur bezeichnet. Man erhält auch hier:

$$
\vec{y}(j) = C^j \cdot \vec{y}(0) \oplus \sum_{i=0}^{j-1} C^{j-i-1} \cdot \vec{x}(i)
$$

(7.3.2.5)

als Signatur der fehlerfreien Ausgangsfolge $\vec{x}(t)$ und

$$
\vec{y}'(j) = \vec{y}(j) \oplus \sum_{i=0}^{j-1} C^{j-i-1} \cdot E(i) = \vec{y}(j) \oplus \vec{y}_e(j)
$$

(7.3.2.6)

als Signatur einer fehlerhaften Ausgangsfolge $\vec{x}'(t)=\vec{x}(t)\oplus\vec{e}(t)$. Die Vektoren der Fehlerfolge $\vec{e}(t)$ haben Elemente $e_i(t)=1$, wenn die entsprechenden Elemente von $\vec{x}(t)$ und $\vec{x}'(t)$ sich unterscheiden, d.h., wenn am betreffenden Schaltungsausgang ein Fehler beobachtbar ist. Wird die zu testenden Schaltung mit Zufallsmustern erregt, dann ist die Wahrscheinlichkeit, daß $\vec{e}(t)\neq(0,0,...,0)^T$ ist, gleich der Fehlererkennungswahrscheinlichkeit p_T. Aufgrund der Linearität reicht es auch hier wieder, das Verhalten eines Automaten zu untersuchen, dem nur die Fehlerfolge $\vec{e}(t)$ zugeführt wird und dessen Anfangszustand $\vec{y}(0)=(0,0,...,0)^T$ ist. Fehlermaskierung bei der Datenkompression ist damit auch hier dadurch gekennzeichnet, daß das Register bei einer von der Nullfolge verschiedenen Fehlerfolge $\vec{e}(t)$ sich am Ende des Tests nach j Zyklen wieder im Nullzustand $\vec{y}(0) = (0,0,...,0)^T$ befindet.

Die stationären Zustandswahrscheinlichkeiten und in Folge auch die Maskierungs-wahrscheinlichkeit eines Mehfacheingangssignaturregisters können leicht mit Hilfe eines Markovprozesses berechnet werden, der das Verhalten bei Erregung mit zufälligen Eingangssignalen beschreibt. Der Übergangsgraph des Markovprozesses wird wieder aus dem Zustandsgraphen des Signaturregisters gewonnen, indem den Kanten die Wahrscheinlichkeiten der den Übergang bewirkenden Eingangssymbole zugeordnet werden. Abb. 7.3.2.3 zeigt den Zustandsgraphen eines 2-Bit-Mehrfacheingangssignaturregisters.

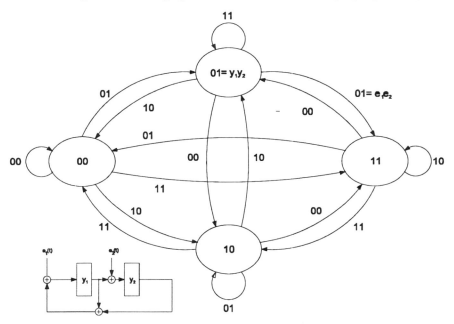

Abb. 7.3.2.3:   Zustandsdiagramm eines 2-Bit-Mehrfacheingangssignaturregisters

Die Zustandswahrscheinlichkeiten $\pi_i(t)$ werden wieder gemäß

$$(\pi_1(t), \pi_2(t),...,\pi_k(t)) = \pi(t) = \pi(t-1) \cdot P \qquad (7.3.2.7)$$

berechnet. Unter der Bedingung, daß der Markovprozeß ergodisch und die Matrix P der Übergangswahrscheinlichkeiten doppelt stochastisch ist, gilt, daß die stationären Zustandswahrscheinlichkeiten π_i für alle Zustände eines k-Bit-Signaturregisters gleich 2^{-k} sind. Mit (6.3.1.23) folgt daraus:

S4:   Die stationäre Maskierungswahrscheinlichkeit P_M eines k-Bit-Signaturregisters, das durch einen ergodischen Markovprozeß mit doppelt stochastischer Übergangsmatrix **P** beschrieben werden kann, ist

$$P_M = 2^{-k} \, .$$

Für Signaturregister mit einem Eingang wurde bereits gezeigt /WIL86/, daß die Übergangsmatrix immer doppelt stochastisch ist, wenn zumindest das letzte Bit zurückgekoppelt wird. Da es bei einem Signaturregister für jeden Zustandsübergang von $\vec{y}_i$ nach $\vec{y}_j$ immer eine Eingangsfolge der Länge k gibt, die diesen Übergang bewirkt, ist auch die Wahrscheinlichkeit für einen solchen Übergang in k Schritten immer größer als 0, wenn $0 < P(\vec{e}(t) \neq \vec{0}) < 1$. Dieses Ergebnis wurde 1989 für Mehrfacheingangssignaturregister mit statistisch unabhängigen Eingangsfolgen verallgemeinert /WIL89/. Die Ergodizität des Markovprozesses war jedoch war jedoch nur gewährleistet, wenn für jede Fehlereingangsfolge $e_i(t)$ galt $0 < P(e_i(t)=1) < 1$. Damiani et. al.. /DAM89/ haben gezeigt, daß wenn Fehler zu nur einem Eingang des Mehrfacheingangssignaturregisters propagiert werden, höhere stationäre Werte der Maskierungswahrscheinlichkeit als 2^{-k} möglich sind.

Im folgenden sollen Bedingungen für Mehrfacheingangssignaturregister gemäß Abb. 7.3.2.2 formuliert werden, unter denen die Übergangsmatrix doppelt stochastisch und der Markovprozeß ergodisch ist. Satz 5 gibt einen Zusammenhang zwischen der Übergangsmatrix P und der Folgezustandsmatrix C, welche das Verhalten des Automaten charakterisiert.

S5:   Die Übergangsmatrix P ist doppelt stochastisch, wenn die Determinante der Folgezustandsmatrix C 1 ist.

<u>Beweis:</u> Es reicht zu zeigen, das die Summe der Elemente jeder Spalte von P gleich 1 ist, da die Summe der Elemente einer Reihe immer 1 ist. Es wird gezeigt, daß es für jeden Folgezustand $\vec{y}_j(t+1)$ und jedes Eingangssymbol $\vec{e}(t)$ einen eindeutigen Vorgängerzustand $\vec{y}_i(t)$ gibt. Die Summe über alle Elemente einer Spalte der Übergangsmatrix P ist damit gleich der Summe über die Wahrscheinlichkeiten aller Eingangssymbole $\vec{e}(t)$.

$$\sum_{i=1}^{n} p_{ij} = \sum^{\vec{e}} p(\vec{e}) = 1 \tag{7.3.2.8}$$

Der Beweis erfolgt durch Konstruktion des Vorgängerzustands.

$$\vec{y}_j(t+1) = C \cdot \vec{y}_i(t) \oplus \vec{e}(t)$$

$$\vec{y}_j(t+1) \oplus \vec{e}(t) = C \cdot \vec{y}_i(t) \tag{7.3.2.9}$$

Wenn gilt $\det C \neq 0$, existiert C^{-1} und es gilt:

$$\vec{y}_i(t) = C^{-1} \cdot \vec{y}_j(t+1) \oplus \vec{e}(t))$$

(7.3.2.10)

□

Damit folgt jetzt unmittelbar:

C1:   Sofern der beschreibende Markovprozeß ergodische ist und gilt

$$\det C \neq 0 ,$$

ist die Maskierungswahrscheinlichkeit in einen Mehrfacheingangssignaturregisters der Länge k immer 2^{-k}.

Die Determinante der Folgezustandsmatrix eines Mehrfacheingangssignaturregisters berechnet sich immer zu:

$$\det C = c_k$$

(7.3.2.11)

Sie ist folglich von 0 verschieden immer dann, wenn zumindest das letzte Bit des Registers zurückgekoppelt wird.

Man beachte, daß keinerlei Annahmen über die Verteilung der Fehlermuster $\vec{e}(t)$ gemacht wurden. C1 gilt damit auch bei streng korrelierten Bitfehlerfolgen $e_i(t)$ und $e_j(t)$. Korrelation zwischen Bitfehlerfolgen tritt zum Beispiel auf, wenn Fehler immer zu mehreren Ausgängen einer Schaltung gleichzeitig propagiert werden. Abb. 7.3.2.12 zeigt als Beispiel eine Halbaddiererzelle und einen Fehler, der immer zu beiden Ausgängen der Zelle propagiert wird.

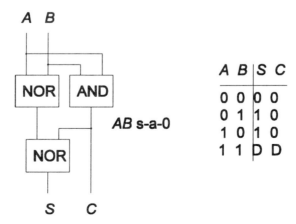

Abb. 7.3.2.4:   Korrelierte Ausgangsfehler infolge eines einzelnen Haftfehlers /WIL89/

Die in C1 vorausgesetzte Ergodizität ist gegeben, wenn für jedes Eingangssymbol $\vec{e}$ gilt $0<P(\vec{e})<1$, da dann bereits für Folgen der Länge 1 die Übergangswahrscheinlichkeiten ausnahmslos größer als 0 sind.

Es folgt unmittelbar:

S6:   Wenn für alle möglichen Fehlervektoren $\vec{e}$ gilt $0<P(\vec{e})<1$ und ferner det $C \neq 0$ ist, ist die stationäre Maskierungswahrscheinlichkeit P_M eines Mehrfacheingangs-signaturregisters der Länge k immer

$$2^{-k} .$$

Smith /SMI80/ hatte gezeigt, daß die Maskierungswahrscheinlichkeit immer 2^{-k} ist, wenn die Fehlerwahrscheinlichkeit gleich 0,5 ist, auch, wenn jegliche Rückkopplung fehlt. Abb. 7.3.2.5 zeigt den Einfluß einer fehlenden Rückkopplung von der letzten Stelle eines 8-Bit-Signaturregisters, wenn die Fehlerwahrscheinlichkeit 0,01 an allen Eingängen beträgt.

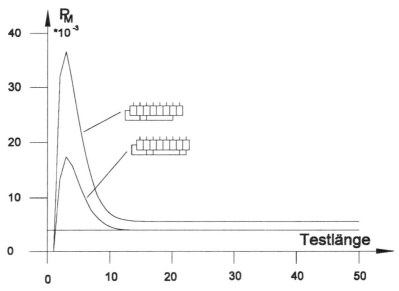

Abb. 7.3.2.5:   Einfluß der fehlenden Rückkopplung von der letzten Registerzelle eines Mehrfacheingangssignaturregisters

In den bisher betrachteten Fällen war die Ergodizität des Markovprozesses durch die Forderung sichergestellt, daß die Wahrscheinlichkeit jedes Fehlermuster E größer als null sein soll. Dadurch gab es immer einer Übergang mit einem Schritt für beliebige Zustandspaare des Datenkompressors. Der Zustandsgraph war immer ein vollständiger gerichteter Graph. Werden Fehler innerhalb einer Schaltung nur zu einer Teilmenge der Ausgänge oder aber immer gleichzeitig zu mehreren Ausgängen propagiert, können nicht mehr alle durch die Fehlervektoren $\vec{e}$ gegebenen Eingangssymbole auftreten. Folglich ist die Zahl der möglichen Zustandsübergängen eingeschränkt, und es ist nicht mehr sichergestellt, daß Pfade zwischen beliebigen Zustandspaaren existieren. Es ist daher möglich, daß der Markovprozeß nicht ergodisch wird. Abb. 7.3.2.6 zeigt den Zustandsgraphen eines 3-Bit-Mehrfacheingangssignaturregisters, wenn ein Fehler nur zum zweiten Eingang propagiert werden kann /DAM89/. Die einzig möglichen Fehlermuster sind $\vec{e}=(0,0,0)^T$ und $\vec{e}=(0,1,0)^T$, wobei $(0,0,0)^T$ den fehlerfreien Fall repräsentiert.

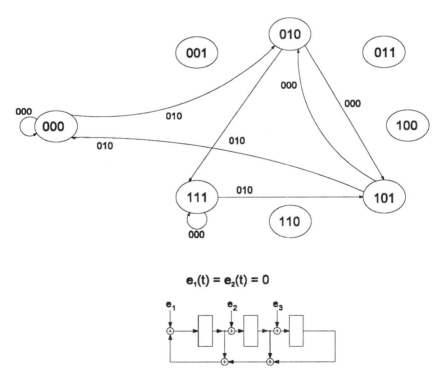

Abb. 7.3.2.6:   Nicht ergodischer Markovprozeß bei einem 3-Bit-Mehrfacheingangssignaturregister, $e_1(t)=e_3(t)=0$

Beginnend im Nullzustand $\vec{y}=(0,0,0)^T$ können nur drei weitere Zustände erreicht werden. Es ist daher zu erwarten, daß die Zustandwahrscheinlichkeiten π_i für diese Zustände gegen

1/4 streben, während sie für die restlichen Zustände bei null bleiben. Der stationäre Wert der Maskierungswahrscheinlichkeit ist für diesen Fall daher 2^{-2} statt 2^{3}, wie man es normalerweise bei einem Signaturregister der Länge 3 erwartet. Abb. 7.3.2.7 zeigt den simulierten Verlauf der Maskierungswahrscheinlichkeit für $e_1=e_3=0$ und $P(e_2=1)=0.9$.

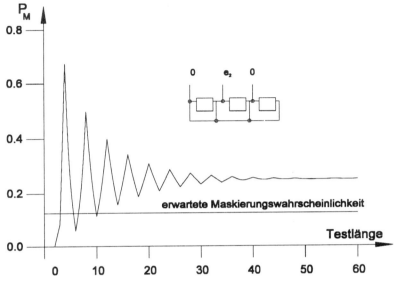

Abb. 7.3.2.7:   Maskierungswahrscheinlichkeit eines 3-Bit-Mehrfacheingangssignaturregisters mit Fehlern nur an Eingang e_2

Eine Erhöhung der Maskierungswahrscheinlichkeit ist nicht allein möglich, wenn Fehler nur zu einen Eingang des Datenkompressors propagiert werden wie im obigen Beispiel.

Abb. 7.3.2.8 zeigt den Zustandsgraphen für den Fall, daß Fehler immer gleichzeitig an den Registereingängen e_1 und e_3 erscheinen.

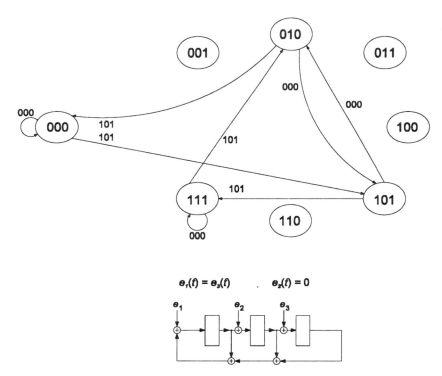

Abb. 7.3.2.8:   Nicht ergodischer Markovprozeß bei einem 3-Bit-Mehrfacheingangs-signaturregister, $e_1(t)=e_3(t)$ und $e_2(t)=0$.

Das Eingangsalphabet des Datenkompressors besteht jetzt nur aus den beiden Fehlermustern $(0,0,0)^T$ und $(1,0,1)^T$. Wie im vorherigen Fall ergibt sich auch hier eine Maskierungswahrscheinlichkeit von 2^{-2} statt 2^{-3} (Abb. 7.3.2.9).

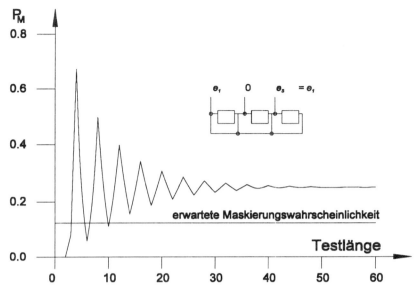

Abb. 7.3.2.9:   Maskierungswahrscheinlichkeit eines 3-Bit-Mehrfacheingangssignaturregisters mit gleichzeitig auftretenden Fehler an den Eingängen e_1 und e_3

Es stellt sich die Frage, ob lineare Datenkompressoren so entworfen werden können, daß unabhängig davon, welcher Art die Fehlermuster sind, die Maskierungswahrscheinlichkeit immer minimal ist. Die Untersuchung des beschreibenden Markovprozesses ergab für einen linearen Datenkompressor mit einem Register der Länge **k** eine minimale Maskierungswahrscheinlichkeit von 2^{-k}. Die Maskierungswahrscheinlichkeit hat diesen minimalen Wert, wenn die Übergangsmatrix P des Markovprozesses doppelt stochastisch und der Markovprozeß ergodisch ist. Eine an die Folgezustandsmatrix C des Automaten zu stellende Bedingung, welche sicherstellt, daß die Übergangsmatrix P doppelt stochastisch ist, wurde bereits abgeleitet. Es soll jetzt eine weitere Bedingung an die Übergangsmatrix ermittelt werden, welche die Ergodizität des Markovprozesses sicherstellt. Dies geschieht unter Zuhilfenahme der bereits in 6.2.2 eingeführten D-Transformation.

Das Verhalten des Datenkompressors wird durch (7.3.2.12) beschrieben. Es wird wieder der Fall betrachtet, daß die Ausgangsfolge der fehlerfreien Schaltung nur aus Nullvektoren besteht und der Automat sich zu Beginn im Nullzustand befindet. Wendet man dann die D-Transformation auf beide Seiten der Gleichung an, erhält man auch hier die bereits bekannte Darstellung des Verhaltens des Automaten.

$$\vec{Y}(D) = D \cdot (1 \oplus D \cdot C)^{-1} \cdot \vec{E}(D)$$

$$= T(D) \cdot \vec{E}(D) \tag{7.3.2.12}$$

mit

$$T(D) = D \cdot \frac{((\mathbf{1} \oplus D \cdot C)^{\text{adj}})^{\text{T}}}{\det(\mathbf{1} \oplus D \cdot C)} \tag{7.3.2.13}$$

$T(D)$ bezeichnet man auch als Übertragungsfunktion. $T(D)$ ist eine Matrix gebrochen rationaler Funktionen. Der Nenner ist in allen Fällen das charakteristische Polynom der Matrix C. (7.3.2.12) ist ein Gleichungssytem folgender Art:

$$y_1(D) = \frac{p_{11}(D)}{p(D)} \cdot e_1(D) \oplus \frac{p_{21}(D)}{p(D)} \cdot e_2(D) \ldots \oplus \frac{p_{n1}(D)}{p(D)} \cdot e_n(D)$$

$$y_2(D) = \frac{p_{12}(D)}{p(D)} \cdot e_1(D) \oplus \frac{p_{22}(D)}{p(D)} \cdot e_2(D) \ldots \oplus \frac{p_{n2}(D)}{p(D)} \cdot e_n(D)$$

$$\vdots \qquad\qquad\qquad\qquad \ddots \qquad\qquad \vdots$$

$$y_n(D) = \frac{p_{1}n(D)}{p(D)} \cdot e_1(D) \oplus \frac{p_{2n}(D)}{p(D)} \cdot e_2(D) \ldots \oplus \frac{p_{nn}(D)}{p(D)} \cdot e_n(D) \tag{7.3.2.14}$$

Für das Kapitel betrachtete 3-Bit-Mehrfacheingangssignaturregister ergibt sich folgende Beziehung zwischen Eingangs- und Zustandsfolge:

$$y_1(D) = \frac{D}{D^3 \oplus D^2 \oplus D \oplus 1} \cdot e_1(D) \oplus \frac{D^2 \cdot (D \oplus 1)}{D^3 \oplus D^2 \oplus D \oplus 1} \cdot e_2(D) \oplus \frac{D^2}{D^3 \oplus D^2 \oplus D \oplus 1} \cdot e_3(D)$$

$$y_2(D) = \frac{D^2}{D^3 \oplus D^2 \oplus D \oplus 1} \cdot e_1(D) \oplus \frac{D \cdot (D \oplus 1)}{D^3 \oplus D^2 \oplus D \oplus 1} \cdot e_2(D) \oplus \frac{D^3}{D^3 \oplus D^2 \oplus D \oplus 1} \cdot e_3(D)$$

$$y_3(D) = \frac{D^3}{D^3 \oplus D^2 \oplus D \oplus 1} \cdot e_1(D) \oplus \frac{D^2 \cdot (D \oplus 1)}{D^3 \oplus D^2 \oplus D \oplus 1} \cdot e_2(D) \oplus \frac{D \cdot (D^2 \oplus D \oplus 1)}{D^3 \oplus D^2 \oplus D \oplus 1} \cdot e_3(D) \tag{7.3.2.15}$$

Hiermit besteht jetzt die Möglichkeit das Verhalten eines linearen Datenkompressors zu analysieren, für den nur eine Teilmenge aller möglichen Fehlermuster an seinen Eingängen auftritt. Eine nicht triviale Teilmenge wird immer aus mindestens zwei Fehlermustern $\vec{e}$ bestehen, wovon eines das Nullmuster $(0,...,0)$ ist, welches das Ausgangssignal der fehlerfreien Schaltung repräsentiert. Es wird zunächst gezeigt, daß es hinreichend ist nur Teilmengen von Fehlermustern der Größe 2 zu betrachten.

S7:   Wenn für eine beliebige Teilmenge des Eingangsalphabets eines endlichen Automaten die Zustände streng verbunden sind, dann sind die Zustände auch streng verbunden, wenn weitere Symbole dem Eingangsalphabet hinzugefügt werden.

<u>Beweis:</u> Gegeben sei ein endlicher Automat mit Eingangsalphabet E und einer Menge von Zuständen $Y = \vec{y}_1, \vec{y}_2, \dots \vec{y}_n$. Wenn der Automat bzw. seine Zustände streng verbunden sind, gibt es für jedes Zustandspaar $(\vec{y}_i, \vec{y}_j)$ eine Folge $\vec{e}_1, \vec{e}_2, \dots, \vec{e}_k$, die den Automaten von Zustand $\vec{y}_i$ in Zustand $\vec{y}_j$ überführt. Wird jetzt das Eingangsalphabet erweitert, sodaß $E'' = E \cup E'$ ist, dann wird durch die vorangegange Folge $\vec{e}_1, \vec{e}_2, \dots, \vec{e}_k$ unverändert ein Pfad von $\vec{y}_i$ nach $\vec{y}_j$ beschrieben. Die Zustände des Automaten sind daher immer noch streng verbunden. $\square$

In Bezug auf die Ergodizität des Markovprozesses, welcher das Verhalten des Datenkompressors bei zufälligen Fehlermustern beschreibt, bedeutet dies, daß der Markovprozeß für beliebige Teilmengen von Fehlermustern ergodisch ist, wenn er für Teilmengen der Größe 2 ergodisch ist, die aus dem Nullmuster $(0,..,0)^T$ und einem beliebigen hiervon verschiedenen Fehlermuster bestehen.

In einem der vorangegangen Beispiele wurde angenommen, daß ein Fehler nur an Eingang e_2 des Signaturregisters in Erscheinung tritt. Die Menge der möglichen Fehlermuster besteht aus den beiden Vektoren $(0,0,0)^T$ und $(0,1,0)^T$. Die Übertragungfunktion $\vec{E}(D) \rightarrow \vec{Y}(D)$ hat jetzt folgendes Aussehen:

$$y_1(D) = \frac{D^2 \cdot (D \oplus 1)}{D^3 \oplus D^2 \oplus D \oplus 1} \cdot e_2(D) = \frac{D^2}{D^2 \oplus 1} \cdot e_2(D)$$

$$y_2(D) = \frac{D \cdot (D \oplus 1)}{D^3 \oplus D^2 \oplus D \oplus 1} \cdot e_2(D) = \frac{D}{D^2 \oplus 1} \cdot e_2(D)$$

$$y_3(D) = \frac{D^2 \cdot (D \oplus 1)}{D^3 \oplus D^2 \oplus D \oplus 1} \cdot e_2(D) = \frac{D^2}{D^2 \oplus 1} \cdot e_2(D) \tag{7.3.2.16}$$

In vorliegenden Beispiel konnte die Übertragungsfunktion vereinfacht werden, da der Zähler und das charakteristische Polynom im Nenner gemeinsame Faktoren hatten. Eine kanonische Form eines Automaten mit obiger Übertragungsfunktion kann leicht angegeben werden. Die Zahl der Registerzellen ist gleich dem Grad des Nennerpolynoms, welcher hier von 3 auf 2 reduziert werden konnte (Abb. 7.3.2.10).

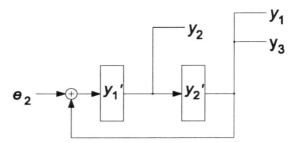

Abb. 7.3.2.10:   Funktional äquivalenter Schaltkreis des 3-Bit-Mehrfacheingangssignaturregister aus Abb. 7.3.2.6

Da die Variablen y_1, y_2, y_3 aus einer kleineren Zahl von Zustandsvariablen y'_1 und y'_2 des äquivalenten, kanonischen Automaten abgeleitet werden, müssen sie linear abhängig sein. Ferner gilt, wenn ein linearer Datenkompressor mit k Registerzellen im Falle eines eingeschränkten Eingangsalphabets durch einen äquivalenten linearen Datenkompressor mit $m<k$ Registerzellen modelliert werden kann, dann haben beide die gleiche stationäre Maskierungswahrscheinlichkeit $2^{-m}>2^{-k}$. Abb. 7.3.2.11 zeigt den äquivalenten kanonischen Automaten für den Fall $\vec{e}(t) \in \{(0,0,0)^T, (1,0,1)^T\}$.

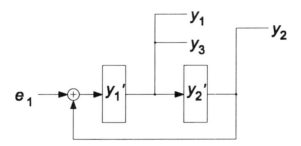

Abb. 7.3.2.11:   Funktional äquivalenter Schaltkreis des 3-Bit-Mehrfacheingangssignaturregister aus Abb. 7.3.2.8

Für das betrachtete 3-Bit-Mehrfacheingangssignaturregister ergibt sich ein äquivalenter, kanonischer Automat mit nur einer Registerzelle, wenn ein Fehler immer gleichzeitig zu allen Eingängen propagiert wird ($e_1=e_2=e_3$). Die Übertragungsfunktion lautet in diesem Fall:

$$y_1(D) = \frac{(D \oplus D^3)}{D^3 \oplus D^2 \oplus D \oplus 1} \cdot e_1(D) = \frac{D}{D \oplus 1} \cdot e_1(D)$$

$$y_2(D) = \frac{(D \oplus D^3)}{D^3 \oplus D^2 \oplus D \oplus 1} \cdot e_1(D) = \frac{D}{D \oplus 1} \cdot e_1(D)$$

$$y_3(D) = \frac{(D \oplus D^3)}{D^3 \oplus D^2 \oplus D \oplus 1} \cdot e_1(D) = \frac{D}{D \oplus 1} \cdot e_1(D)$$

$$(7.3.2.17)$$

Abb. 7.3.2.12 zeigt den äquivalenten Schaltkreis.

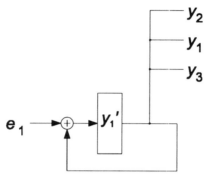

Fig 7.3.2.12:   Äquivalenter Schaltkreis für $\vec{e}(t) \in \{(0,0,0)^T, (1,1,1)^T\}$

Die stationäre Maskierungswahrscheinlichkeit von $P_M=0,5$ wird durch eine Simulation des Markovprozesses bestätigt.

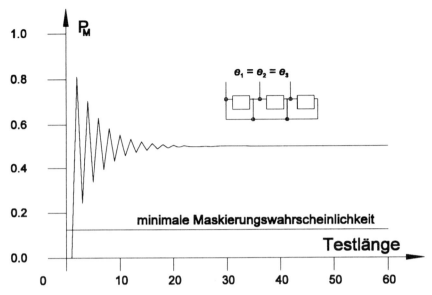

Fig 7.3.2.13:   Maskierungswahrscheinlichkeit bei streng korrellierten Fehlermustern

Es gilt allgemein:
Ist das Eingangsalphabet des Mehrfacheingangssignaturregisters auf zwei Symbole beschränkt, von denen eines der Nullvektor ist, kann der Fehlervektor $\vec{e}(t)$ immer als Produkt
eines Koeffizientenvektors $(h_1,h_2,...,h_k)^T$ mit einer Skalarfolge $e(t)$ dargestellt werden.

$$\vec{e}(t) = (h-1,h_2,...,h_k)^T \cdot e(t) \quad , \quad e(t) \in \{0,1\} \wedge h_i \in \{0,1\} \tag{7.3.2.18}$$

Die Übertragungsfunktion hat damit folgendes Aussehen:

$$\vec{Y}(D) = T(D)\cdot\vec{E}(D)$$

$$= T(D)\cdot(h_1,h_2,...,h_k)^T \cdot D(e(t))$$

$$= (T(D)\cdot(h-1,h_2,...,h_k)^T) \cdot e(D) \tag{7.3.2.19}$$

Die Abbildungen $e(D) \rightarrow y_i(D)$ sind damit Linearkombinationen der entsprechenden
Spalten von $T(D)$. Die Funktionen können vereinfacht werden, wenn der Zähler und die
charakteristische Funktion $p(D)$ gemeinsame Faktoren haben (siehe obige Beispiele). Die
Vereinfachung der Übertragungfunktionen $e(D) \rightarrow y_i(D)$, $1 \le i \le k$, wird im folgenden nur
soweit durchgeführt, daß sich überall das gleiche Nennerpolynom p'(D) ergibt.

$$
\begin{pmatrix} y_1(D) \\ y_2(D) \\ \vdots \\ y_k(D) \end{pmatrix} = \begin{pmatrix} p_1(D)/p'(D) \\ p_2(D)/p'(D) \\ \vdots \\ p_k(D)/p'(D) \end{pmatrix} \cdot e(D)
$$

(7.3.2.20)

Anhand der Übertragungsfunktionen kann jetzt ein äquivalenter, kanonischer Schaltkreis angegeben werden. Der Schaltkreis ist ein rückgekoppeltes Signaturregister mit einem Eingang. Die Registerlänge ist gegeben durch den Grad des Nennerpolynoms $p'(D)$ der Übertragungsfunktionen. Dieser Typ von Datenkompressoren wurde bereit behandelt. Aufgrund der Äquivalenz gelten die für einfache Signaturregister getätigten Aussagen daher auch für allgemeine lineare Datenkompressoren. Sie werden daher ohne Beweis wiederholt:

- Der stationäre Wert der Maskierungswahrscheinlichkeit ist $P_M = 2^{-m}$, wobei m der Grad des charakteristischen Polynoms des äquivalenten, kanonischen Signaturregisters ist.
- Die Maskierungswahrscheinlichkeit strebt am schnellsten gegen den stationären Wert, wenn $p'(D)$ ein primitives Polynom ist.

$p'(D)$ ist immer ein Faktor des charakteristischen Polynoms der Folgezustandsmatrix C des Signaturregisters. Eine von der jeweils betrachteten Teilmenge möglicher Fehlermuster unabhängige obere Grenze der stationären Maskierungswahrscheinlichkeit P_M ergibt sich aus einer faktoriellen Zerlegung von $p(D)$.

Es sei

$$
p(D) = p_1(D) \cdot p_2(D) \cdot \ldots \cdot p_j(D)
$$

(7.3.2.21)

mit

$$
p_i(D) \neq 1
$$

(7.3.2.22)

und

$$
k_{\min} = \min_i (\text{Grad}(p_i(D)))
$$

(7.3.2.23)

dann ist

$$P_{M,max} = 2^{-k_{min}} \qquad (7.3.2.24)$$

eine obere Grenze der stationäre Maskierungswahrscheinlichkeit.

Abb. 7.3.2.14 zeigt ein Mehrfacheingangssignaturregister, bei den lediglich die letzte Stelle zurückgekoppelt wird /DAVR84/.

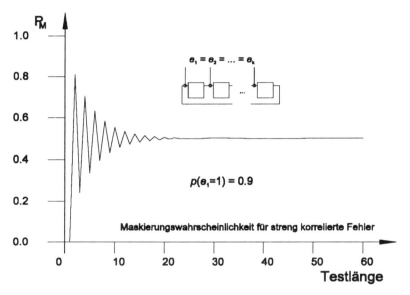

Abb. 7.3.2.14:   Maximale   Maskierungswahrscheinlichkeit   eines   Mehrfacheingangssignaturregister mit $p(D) = 1 \oplus D^k$

Das charakteristische Polynom für diesen Datenkompressor ist

$$p(D) = 1 \oplus D^k = (1 \oplus D) \cdot (1 \oplus D \oplus D^2 \oplus ... \oplus D^{k-1}) \quad . \qquad (7.3.2.25)$$

Die obere Grenze der stationären Maskierungswahrscheinlichkeit ist hier unabhängig von der Registerlänge

$$P_{M,max} = 2^{-Grad(1 \oplus D)} = 0,5 \quad . \qquad (7.3.2.26)$$

Diese Wert ergibt sich, wenn Fehler gleichzeitig zu allen Eingängen des Signaturregisters propagiert werden.

Es werde jetzt der Fall betrachtet, daß das charakteristische Polynom des Datenkompressors irreduzibel sei.

S8:   Wenn das charakteristische Polynom der Folgezustandsmatrix eines Mehrfacheingangssignaturregisters mit k Registerzellen irreduzibel ist, und das Eingangsalphabet aus nur zwei Fehlermustern E besteht, ist die Maskierungswahrscheinlichkeit des linearen Datenkompressors

$$P_M = 2^{-k} \quad . \tag{7.3.2.27}$$

Beweis: Das aus der Übertragungsfunktion abzuleitende äquivalente Signaturregister hat die gleiche Registerzahl wie der betrachtete Datenkompressor, da nach Voraussetzung das charakteristische Polynom nicht faktorisiert werden kann. Die Maskierungswahrscheinlichkeit sowohl des äquivalenten Signaturregisters als auch des Datenkompressors ist damit 2^{-k}. □

Obiger Satz bedeutet zugleich, daß der Markovprozeß des Datenkompressors ergodisch ist.

C2:   Die Maskierungswahrscheinlichkeit eines linearen Datenkompressors mit k Registerzellen ist

$$P_M = 2^{-k} \tag{7.3.2.28}$$

unabhängig von der Verteilung $P(\vec{e})$ der Fehlermuster $\vec{e}(t)$, wenn gilt

$$\det C = 1 \tag{7.3.2.29}$$

und wenn das charakteristische Polynom der Matrix C,

$$p(D) = \det (1 \oplus D \cdot C) \tag{7.3.2.30}$$

irreduzibel ist.

Beweis: Wie bereits gezeigt, ist durch $\det C = 1$ gewährleistet, daß die Übergangsmatrix P des Markovprozesses doppelt stochastisch ist. Die Forderung nach einem irreduziblen charakteristischen Polynom stellt sicher, daß bei jedem aus zwei Symbolen bestehenden reduzierten Eingangsalphabet, welches den Nullvektor einschließt, der Markovprozeß ergodisch ist. In Verbindung mit S7 folgt damit auch die Ergodizität für beliebige größere

Eingangsalphabete. Folglich sind beide in C1 gestellten Bedingungen erfüllt und die stationäre Maskierungswahrscheinlichkeit ist damit 2^{-k}.   □

7.3.3   Lineare zellulare Automaten

Lineare zellulare automaten sind nicht nur eine Alternative zu linear rückgekoppelten Schieberegistern bei der Testmustererzeugung, Sie lassen sich in der gleichen Weise wie Schieberegister erweitern, um als Testdatenkompressoren eingesetzt zuwerden /HORT90/. Abb. 7.3.3.1 zeigt einen Ausschnitt aus einem linearen zellularen Automaten, welcher um zusätzliche Eingänge für die Testdatenkompression erweitert wurde.

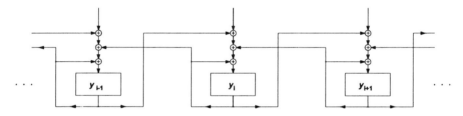

Abb. 7.3.3.1:   Linearer zellularer Testdatenkompressor

Die Folgezustandsfunktion einer Zelle eines linearen zellularen Automaten lautet allgemein

$$y_i(t+1) = \alpha_1 \cdot y_{i-1}(t) \oplus \alpha_2 \cdot y_i(t) \oplus \alpha_3 \cdot y_{i+1}(t) \oplus x_i(t) \qquad (7.3.3.1)$$

Bei endlicher Länge k des Automaten und folgenden Randbedingungen

$$\forall t \ (y_0(t) = 0, \ y_{k+1}(t) = 0)$$

ergibt sich für einen homogenen linearen zellularen Automaten eine Folgezustandmatrix C mit bekannter Bandstruktur

$$
C = \begin{pmatrix}
\alpha_2 & \alpha_3 & 0 & \dots & 0 & 0 \\
\alpha_1 & \alpha_2 & \alpha_3 & \dots & 0 & 0 \\
0 & \alpha_1 & \alpha_2 & \dots & 0 & 0 \\
\vdots & & & \ddots & & \vdots \\
0 & 0 & 0 & \dots & \alpha_2 & \alpha_3 \\
0 & 0 & 0 & \dots & \alpha_1 & \alpha_2
\end{pmatrix}
\tag{7.3.3.2}
$$

Wie bereits in Kap. 6.2.3 diskutiert ist ist das zur Matrix C gehörige charakteristische Polynom für alle homogenen zellularen Automaten bis zur Länge 9 reduzibel. Die Ergodizität des Markovprozesses ist also nicht gewährleistet. Abb. 7.3.3.2 zeigt den simulierten Verlauf der Maskierungswahrscheinlichkeit für einen linearen zellularen Automaten der Länge 6 mit $(\alpha_1,\alpha_2,\alpha_3) = (1,1,1)$.

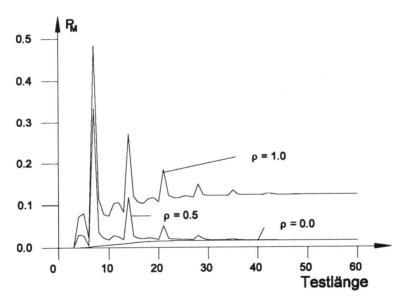

Abb. 7.3.3.2:   Maskierungswahrscheinlichkeit eines homogenen linearen zellularen Automaten der Länge 6 bei korrelierten Bitfehlerströmen

Fehler werden an den Eingängen e_3 und e_4 jeweils mit der Wahrscheinlichkeit P(e)=0,9 beobachtet. Bei vollständig korrelierten Bitfehlerfolgen beträgt die Maskierungswahrscheinlichkeit $P_M = 2^{-2} > 2^{-6}$. Mit inhomogenen Automaten ist es möglich ein primitives charakteristisches Polynom der Folgezustandsmatix C zu erhalten. Tabelle 6.2.3.3 nennt die Rückkopplungskoeffizienten.

7.3.4   Klassifikation von linearen Datenkompressoren

Aus den bisherigen Ergebnissen ergibt sich das folgende Klassifizierungsschema für lineare Datenkompressoren:

a) $\det C = 0$:
   Der stationäre Wert der Maskierungswahrscheinlichkeit hängt von den Fehlerwahrscheinlichkeiten an den Ausgängen der getesteten Schaltung ab.

b) $\det C = 1$ und $p(D)$ reduzibel:
   Der stationäre Wert der Maskierungswahrscheinlichkeit hängt nicht von der Fehlerwahrscheinlichkeit and den Ausgängen der getesteten Schaltung ab, aber von der Korrelation der einzelnen Fehlerfolgen $e_i(t)$ und von den Eingängen des Datenkompressors, an denen die Fehler beobachtet werden. Es gilt:

$$P_M < 2^{-k_{min}} \quad .$$

c) $\det C = 1$ und $p(D)$ irreduzibel:
   Der stationäre Wert der Maskierungswahrscheinlichkeit eines linearen Datenkompressors mit k Registerzellen ist

$$P_M = 2^{-k}$$

unabhängig von der Verteilung $P(\vec{e})$ der Fehlermuster $\vec{e}$ in der Fehlerfolge $\vec{e}(t)$ und damit auch unabhängig von der Korrelation zwischen den Bitfehlerfolgen $e_i(t)$ an den einzelnen Eingängen des Datenkompressors.

Damiani et. al. /DAM89/ konnten zeigen, daß die Maskierungswahrscheinlichkeit sich bei Mehrfacheingangssignaturregistern mit unabhängigen Eingangssignalen $e_i(t)$, am schnellsten gegen den stationären Wert konvergiert, wenn das charakteristische Polynom primitiv ist. Durch die jederzeit mögliche Konstruktion eines einem linearen Datenkompressor äquivalenten Signaturregisters kann das Ergebnis auf eine größere Klasse von linearen Datenkompressoren erweitert werden.

d) $\det C = 1$ und $p(D)$ primitiv:
   Die Maskierungswahrscheinlichkeit nähert sich schnellstens dem stationären Wert

$$P_M = 2^{-k} \quad .$$

7.4   Blockselbsttestverfahren

Eine der bekanntesten Selbsttestmethoden ist der Könemann, Mucha und Zwiehoff entwickelte Blockselbsttest /KOEN79/. Die Technik vereinigt den Prüfbus und ein auf der Verwendung von linear rückgekoppelten Schieberegistern basierenden Selbsttest in einem Baustein, dem Built-In Logic Block Observer (BILBO). Wir bereits gezeigt können linear rückgekoppelte Schieberegister sowohl als Signaturregiser als auch als Pseudozufallsmustergenerator für die zu testende Schaltung verwendet werden. Abb. 7.4.1 zeigt das Blockdiagramm eines 8-bit BILBO.

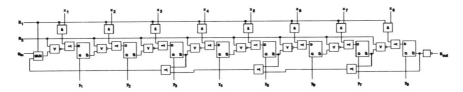

Abb. 7.4.1:   BILBO /KOEN79/

S_{in} und S_{out} sind der Prüfbusein- und -ausgang des 8-bit Registers. Über die Signale B_1 und B_2 werden die Operationsmodi des BILBO ausgewählt.

Für $B_1=1$ und $B_2=1$ arbeitet der Bilbo wie ein einfaches Register. Dies ist der normale Systemmodus, bei dem die Daten von den Eingängen x_i in die Flip-Flops geladen und an den Ausgängen y_i beobachtet werden können.

$B_1=0$ und $B_2=0$ ist der Schieberegister modus. Der BILBO unterstütz durch die Schiebefunktion den Test nach der Prüfbusmethode.

$B_1=1$ und $B_2=0$ versetzt den BILBO in den zuvor diskutierten Signaturanalysemodus. Bei festen Werten des Eingangssignale x_i erzeugt das Register Pseudozufallsmuster.

Der vierte Modus $B_1=0$ und $B_2=1$ erlaubt ein Rücksetzen des Registers.

Der BILBO-Ansatz unterstüzt insbesondere busorientierte modulare Schaltungen bei denen Funktionsmodule, wie ROMs, RAMs oder ALUs über Ein- und Ausgangsregister mit einem Bussystem verbunden sind. Register werden durch einen BILBOs ersetzt (Abb. 7.4.2).

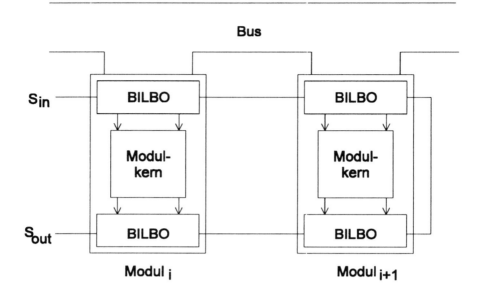

Abb. 7.4.2:   Modulare busorientierte Schaltung mit BILBOs

Jedes einzelne Modul verfügt über zwei BILBOs. Ein BILBO arbeitet als Testmustergenerator und stimuliert das Modul. Der andere BILBO wirkt als Signaturregister und komprimiert die Testantworten. Die Initialisierung der Register erfolgt ebenso wie das Auslesen der Signaturen an Ende des Pseudozufallstests über die Schiebefunktion der BILBOs. Zu Test des Bussystems vertauschen die BILBOs die Rollen. Das vorherige Signaturregister sendet Pseudozufallsmuster auf den Bus und der ehemalige Testmustergenerator arbeit als Signaturanalysator. Der Ansatz ist primär geeignet für den Test von Modulen, welche gut mit Zufallsmustern getestet werden können.

Anhang

A1   Hypergeometrisch und binomial verteilte Zufallsvariable

Gegeben sei eine hypergeometrisch verteilte Zufallsvariable r mit

$$P_r = \binom{R}{r} \cdot \frac{\binom{N-R}{n-r}}{\binom{N}{n}}$$

und eine binomial verteilte Zufallsvariable r' mit

$$P'_{r'} = \binom{R}{r'} \cdot p^{r'} \cdot (1-p)^{R-r'} \quad \text{und} \quad p = \frac{n}{N} \quad .$$

Es wird gezeigt, daß für $N \gg R$ beide Zufallsvariable die gleiche Verteilung haben.

$$P_r = \binom{R}{r} \cdot \frac{\prod\limits_{i=1}^{r} (n+1-i) \cdot \prod\limits_{j=1}^{R-r} (N-n+1-j)}{\prod\limits_{k=1}^{R} (N+1-k)}$$

für $R \ll N$

$$P_r \approx \binom{R}{r} \cdot \frac{n^r \cdot (N-n)^{R-r}}{N^R} = \binom{R}{r} \cdot \left(\frac{n}{N}\right)^r \cdot \left(\frac{N-n}{N}\right)^{R-r}$$

$$P_r \approx \binom{R}{r} \cdot p^r \cdot (1-p)^{R-r} = P'_{r'}$$

A2 Wahrscheinlichkeitsfunktion und Momente betaverteilter Zufallsvariabler

Gegeben sei eine in Intervall [0,1] definierte kontinuierliche Zufallsvariable p. Die Wahrscheinlichkeitsdichte $g(p)$ für diese Zufallsvariable sei gegeben durch eine Betaverteilung

$$g(p) = \frac{1}{B(j+1,k+1)} \cdot p^j \cdot (1-p)^k$$

Die Momente vom p berechnen sich dann zu:

$$E<p^m> = \int_0^1 p^m \cdot \frac{1}{B(j+1,k+1)} \cdot p^j \cdot (1-p)^k \cdot dp$$

$$= \frac{B(j+m+1,k+1)}{B(j+1,k+1)}$$

Sind die Verteilungsparameter j und k Elemente der natürlichen Zahlen einschließlich 0, vereinfacht sich der Ausdruck zu:

$$E<p^m> = \prod_{i=1}^{m} \frac{j+i}{k+j+i+1}$$

Damit folgt für Erwartungswert und Varianz

$$E<p> = \frac{j+1}{j+k+2} \quad , \quad \sigma^2(p) = \frac{j+1}{j+k+2} \cdot \frac{k+1}{j+k+2} \cdot \frac{1}{j+k+3}$$

Die Wahrscheinlichkeitsfunktion berechnete sich aus der Dichte der Zufallsvariablen p zu:

$$P(p<b) = \int_0^b g(p) \cdot dp$$

$$= \frac{1}{B(j+1,k+1)} \cdot \int_0^b p^j \cdot (1-p)^k \cdot dp$$

Sind j und k wieder Elemente der natürlichen Zahlen einschließlich 0, gilt:

$$P(p<b) \;=\; \frac{1}{B(j+1,k+1)} \cdot \int_{0}^{b} p^{\,j} \cdot \sum_{i=0}^{k} \binom{k}{i} \cdot (-p)^{i} \cdot dp$$

$$= \sum_{i=0}^{k} \binom{j+k+1}{j+i+1} \cdot \binom{j+i}{j} \cdot (-1)^{i} \cdot b^{\,j+i+1}$$

A3   Primitive Polynome bis zum Grad 258

Die folgende Liste enthält Polynome mit wenig Termen bis zum Grad 258. Die Liste enthält keine Trinome mit einem Grad, der ein Vielfaches von 8 ist. Swan /SWAN62/ hat 1962 gezeigt, daß Trinome von Grad 8n immer in eine gerade Zahl von Faktoren zerlegt werden und damit nicht primitiv sein können.

1	$D \oplus 1$	14	$D^{14} \oplus D^{13} \oplus D^3 \oplus D^2 \oplus 1$
2	$D^2 \oplus D \oplus 1$	15	$D^{15} \oplus D^{14} \oplus 1$
3	$D^3 \oplus D^2 \oplus 1$	16	$D^{16} \oplus D^{14} \oplus D^{13} \oplus D^{11} \oplus 1$
4	$D^4 \oplus D^3 \oplus 1$	17	$D^{17} \oplus D^{14} \oplus 1$
5	$D^5 \oplus D^3 \oplus 1$	18	$D^{18} \oplus D^{11} \oplus 1$
6	$D^6 \oplus D^5 \oplus 1$	19	$D^{19} \oplus D^{18} \oplus D^{14} \oplus D^{13} \oplus 1$
7	$D^7 \oplus D^6 \oplus 1$	20	$D^{20} \oplus D^{17} \oplus 1$
8	$D^8 \oplus D^7 \oplus D^3 \oplus D^2 \oplus 1$	21	$D^{21} \oplus D^{19} \oplus 1$
9	$D^9 \oplus D^5 \oplus 1$	22	$D^{22} \oplus D^{21} \oplus 1$
10	$D^{10} \oplus D^7 \oplus 1$	23	$D^{23} \oplus D^{18} \oplus 1$
11	$D^{11} \oplus D^9 \oplus 1$	24	$D^{24} \oplus D^{23} \oplus D^{21} \oplus D^{19} \oplus 1$
12	$D^{12} \oplus D^9 \oplus D^8 \oplus D^5 \oplus 1$	25	$D^{25} \oplus D^{22} \oplus 1$
13	$D^{13} \oplus D^{12} \oplus D^{10} \oplus D^9 \oplus 1$	26	$D^{26} \oplus D^{25} \oplus D^{19} \oplus D^{18} \oplus 1$
		27	$D^{27} \oplus D^{26} \oplus D^{20} \oplus D^{19} \oplus 1$

28	$D^{28} \oplus D^{25} \oplus 1$
29	$D^{29} \oplus D^{27} \oplus 1$
30	$D^{30} \oplus D^{29} \oplus D^{16} \oplus D^{15} \oplus 1$
31	$D^{31} \oplus D^{28} \oplus 1$
32	$D^{32} \oplus D^{31} \oplus D^{5} \oplus D^{4} \oplus 1$
33	$D^{33} \oplus D^{30} \oplus 1$
34	$D^{32} \oplus D^{33} \oplus D^{30} \oplus D^{29} \oplus 1$
35	$D^{35} \oplus D^{33} \oplus 1$
36	$D^{36} \oplus D^{25} \oplus 1$
37	$D^{37} \oplus D^{35} \oplus D^{27} \oplus D^{25} \oplus 1$
38	$D^{38} \oplus D^{37} \oplus D^{33} \oplus D^{31} \oplus 1$
39	$D^{39} \oplus D^{35} \oplus 1$
40	$D^{40} \oplus D^{38} \oplus D^{21} \oplus D^{19} \oplus 1$
41	$D^{41} \oplus D^{38} \oplus 1$
42	$D^{42} \oplus D^{41} \oplus D^{20} \oplus D^{19} \oplus 1$
43	$D^{43} \oplus D^{42} \oplus D^{38} \oplus D^{37} \oplus 1$
44	$D^{44} \oplus D^{43} \oplus D^{18} \oplus D^{17} \oplus 1$
45	$D^{45} \oplus D^{44} \oplus D^{42} \oplus D^{41} \oplus 1$
46	$D^{46} \oplus D^{45} \oplus D^{26} \oplus D^{25} \oplus 1$
47	$D^{47} \oplus D^{42} \oplus 1$
48	$D^{48} \oplus D^{47} \oplus D^{21} \oplus D^{20} \oplus 1$
49	$D^{49} \oplus D^{40} \oplus 1$
50	$D^{50} \oplus D^{49} \oplus D^{24} \oplus D^{23} \oplus 1$
51	$D^{51} \oplus D^{50} \oplus D^{36} \oplus D^{35} \oplus 1$
52	$D^{52} \oplus D^{49} \oplus 1$
53	$D^{53} \oplus D^{54} \oplus D^{38} \oplus D^{37} \oplus 1$
54	$D^{54} \oplus D^{53} \oplus D^{18} \oplus D^{17} \oplus 1$
55	$D^{55} \oplus D^{31} \oplus 1$
56	$D^{56} \oplus D^{55} \oplus D^{35} \oplus D^{34} \oplus 1$
57	$D^{57} \oplus D^{50} \oplus 1$
58	$D^{56} \oplus D^{39} \oplus 1$
59	$D^{59} \oplus D^{58} \oplus D^{38} \oplus D^{37} \oplus 1$
60	$D^{60} \oplus D^{59} \oplus 1$
61	$D^{61} \oplus D^{60} \oplus D^{46} \oplus D^{45} \oplus 1$
62	$D^{62} \oplus D^{61} \oplus D^{6} \oplus D^{5} \oplus 1$
63	$D^{61} \oplus D^{60} \oplus 1$
64	$D^{64} \oplus D^{63} \oplus D^{61} \oplus D^{60} \oplus 1$
65	$D^{65} \oplus D^{47} \oplus 1$
66	$D^{66} \oplus D^{65} \oplus D^{57} \oplus D^{56} \oplus 1$
67	$D^{67} \oplus D^{66} \oplus D^{58} \oplus D^{57} \oplus 1$
68	$D^{68} \oplus D^{57} \oplus 1$
69	$D^{69} \oplus D^{67} \oplus D^{45} \oplus D^{40} \oplus 1$
70	$D^{70} \oplus D^{69} \oplus D^{55} \oplus D^{54} \oplus 1$
71	$D^{71} \oplus D^{65} \oplus 1$
72	$D^{72} \oplus D^{66} \oplus D^{25} \oplus D^{19} \oplus 1$
73	$D^{73} \oplus D^{48} \oplus 1$
74	$D^{74} \oplus D^{73} \oplus D^{59} \oplus D^{58} \oplus 1$
75	$D^{75} \oplus D^{74} \oplus D^{65} \oplus D^{64} \oplus 1$
76	$D^{76} \oplus D^{75} \oplus D^{41} \oplus D^{40} \oplus 1$
77	$D^{77} \oplus D^{76} \oplus D^{47} \oplus D^{46} \oplus 1$
78	$D^{78} \oplus D^{77} \oplus D^{59} \oplus D^{58} \oplus 1$
79	$D^{79} \oplus D^{70} \oplus 1$
80	$D^{80} \oplus D^{79} \oplus D^{43} \oplus D^{42} \oplus 1$
81	$D^{81} \oplus D^{77} \oplus 1$
82	$D^{82} \oplus D^{79} \oplus D^{47} \oplus D^{44} \oplus 1$
83	$D^{83} \oplus D^{82} \oplus D^{38} \oplus D^{37} \oplus 1$
84	$D^{84} \oplus D^{71} \oplus 1$
85	$D^{85} \oplus D^{84} \oplus D^{58} \oplus D^{57} \oplus 1$

86	$D^{86} \oplus D^{85} \oplus D^{74} \oplus D^{73} \oplus 1$
87	$D^{87} \oplus D^{74} \oplus 1$
88	$D^{88} \oplus D^{87} \oplus D^{17} \oplus D^{16} \oplus 1$
89	$D^{89} \oplus D^{51} \oplus 1$
90	$D^{90} \oplus D^{89} \oplus D^{72} \oplus D^{71} \oplus 1$
91	$D^{91} \oplus D^{90} \oplus D^{8} \oplus D^{7} \oplus 1$
92	$D^{92} \oplus D^{91} \oplus D^{80} \oplus D^{79} \oplus 1$
93	$D^{93} \oplus D^{91} \oplus 1$
94	$D^{94} \oplus D^{73} \oplus 1$
95	$D^{95} \oplus D^{84} \oplus 1$
96	$D^{96} \oplus D^{94} \oplus D^{49} \oplus D^{47} \oplus 1$
97	$D^{97} \oplus D^{91} \oplus 1$
98	$D^{98} \oplus D^{87} \oplus 1$
99	$D^{99} \oplus D^{97} \oplus D^{54} \oplus D^{52} \oplus 1$
100	$D^{100} \oplus D^{63} \oplus 1$
101	$D^{101} \oplus D^{100} \oplus D^{95} \oplus D^{94} \oplus 1$
102	$D^{102} \oplus D^{101} \oplus D^{26} \oplus D^{25} \oplus 1$
103	$D^{103} \oplus D^{94} \oplus 1$
104	$D^{104} \oplus D^{103} \oplus D^{94} \oplus D^{93} \oplus 1$
105	$D^{105} \oplus D^{89} \oplus 1$
106	$D^{106} \oplus D^{91} \oplus 1$
107	$D^{107} \oplus D^{105} \oplus D^{44} \oplus D^{42} \oplus 1$
108	$D^{108} \oplus D^{77} \oplus 1$
109	$D^{109} \oplus D^{108} \oplus D^{103} \oplus D^{102} \oplus 1$
110	$D^{110} \oplus D^{109} \oplus D^{98} \oplus D^{97} \oplus 1$
111	$D^{111} \oplus D^{101} \oplus 1$
112	$D^{112} \oplus D^{110} \oplus D^{69} \oplus D^{67} \oplus 1$
113	$D^{113} \oplus D^{104} \oplus 1$
114	$D^{114} \oplus D^{103} \oplus D^{33} \oplus D^{32} \oplus 1$

115	$D^{115} \oplus D^{114} \oplus D^{101} \oplus D^{100} \oplus 1$
116	$D^{116} \oplus D^{115} \oplus D^{36} \oplus D^{35} \oplus 1$
117	$D^{117} \oplus D^{115} \oplus D^{99} \oplus D^{97} \oplus 1$
118	$D^{118} \oplus D^{85} \oplus 1$
119	$D^{119} \oplus D^{111} \oplus 1$
120	$D^{120} \oplus D^{113} \oplus D^{9} \oplus D^{2} \oplus 1$
121	$D^{121} \oplus D^{103} \oplus 1$
122	$D^{122} \oplus D^{121} \oplus D^{63} \oplus D^{62} \oplus 1$
123	$D^{123} \oplus D^{121} \oplus 1$
124	$D^{124} \oplus D^{87} \oplus 1$
125	$D^{125} \oplus D^{124} \oplus D^{8} \oplus D^{7} \oplus 1$
126	$D^{126} \oplus D^{125} \oplus D^{90} \oplus D^{89} \oplus 1$
127	$D^{127} \oplus D^{126} \oplus 1$
128	$D^{128} \oplus D^{126} \oplus D^{101} \oplus D^{99} \oplus 1$
129	$D^{129} \oplus D^{124} \oplus 1$
130	$D^{130} \oplus D^{127} \oplus 1$
131	$D^{131} \oplus D^{131} \oplus D^{64} \oplus D^{63} \oplus 1$
132	$D^{132} \oplus D^{103} \oplus 1$
133	$D^{133} \oplus D^{132} \oplus D^{82} \oplus D^{81} \oplus 1$
134	$D^{134} \oplus D^{77} \oplus 1$
135	$D^{135} \oplus D^{124} \oplus 1$
136	$D^{136} \oplus D^{135} \oplus D^{11} \oplus D^{10} \oplus 1$
137	$D^{137} \oplus D^{116} \oplus 1$
138	$D^{138} \oplus D^{137} \oplus D^{131} D^{130} \oplus 1$
139	$D^{139} \oplus D^{136} \oplus D^{134} \oplus D^{131} \oplus 1$
140	$D^{140} \oplus D^{111} \oplus 1$
141	$D^{141} \oplus D^{140} \oplus D^{110} \oplus D^{109} \oplus 1$
142	$D^{142} \oplus D^{121} \oplus 1$
143	$D^{143} \oplus D^{142} \oplus D^{123} \oplus D^{122} \oplus 1$

144	$D^{144} \oplus D^{143} \oplus D^{75} \oplus D^{74} \oplus 1$		173	$D^{173} \oplus D^{172} \oplus D^{170} \oplus D^{163} \oplus 1$
145	$D^{145} \oplus D^{93} \oplus 1$		174	$D^{174} \oplus D^{161} \oplus 1$
146	$D^{146} \oplus D^{145} \oplus D^{87} \oplus D^{86} \oplus 1$		175	$D^{175} \oplus D^{169} \oplus 1$
147	$D^{147} \oplus D^{146} \oplus D^{110} \oplus D^{109} \oplus 1$		176	$D^{176} \oplus D^{175} \oplus D^{174} \oplus D^{133} \oplus 1$
148	$D^{148} \oplus D^{121} \oplus 1$		177	$D^{177} \oplus D^{169} \oplus 1$
149	$D^{149} \oplus D^{148} \oplus D^{40} \oplus D^{39} \oplus 1$		178	$D^{178} \oplus D^{91} \oplus 1$
150	$D^{150} \oplus D^{97} \oplus 1$		179	$D^{179} \oplus D^{178} \oplus D^{177} \oplus D^{175} \oplus 1$
151	$D^{151} \oplus D^{148} \oplus 1$		180	$D^{180} \oplus D^{179} \oplus D^{178} \oplus D^{128} \oplus 1$
152	$D^{152} \oplus D^{151} \oplus D^{87} \oplus D^{86} \oplus 1$		181	$D^{181} \oplus D^{180} \oplus D^{179} \oplus D^{92} \oplus 1$
153	$D^{153} \oplus D^{152} \oplus 1$		182	$D^{182} \oplus D^{181} \oplus D^{180} \oplus D^{61} \oplus 1$
154	$D^{154} \oplus D^{152} \oplus D^{27} \oplus D^{25} \oplus 1$		183	$D^{183} \oplus D^{127} \oplus 1$
155	$D^{155} \oplus D^{154} \oplus D^{124} D^{123} \oplus 1$		184	$D^{184} \oplus D^{183} \oplus D^{181} \oplus D^{143} \oplus 1$
156	$D^{156} \oplus D^{155} \oplus D^{51} \oplus D^{50} \oplus 1$		185	$D^{185} \oplus D^{161} \oplus 1$
157	$D^{157} \oplus D^{156} \oplus D^{131} \oplus D^{130} \oplus 1$		186	$D^{186} \oplus D^{185} \oplus D^{184} \oplus D^{133} \oplus 1$
158	$D^{158} \oplus D^{157} \oplus D^{132} \oplus D^{131} \oplus 1$		187	$D^{187} \oplus D^{186} \oplus D^{185} \oplus D^{167} \oplus 1$
159	$D^{159} \oplus D^{128} \oplus 1$		188	$D^{188} \oplus D^{187} \oplus D^{186} \oplus D^{2} \oplus 1$
160	$D^{160} \oplus D^{159} \oplus D^{142} \oplus D^{141} \oplus 1$		189	$D^{189} \oplus D^{188} \oplus D^{187} \oplus D^{140} \oplus 1$
161	$D^{161} \oplus D^{143} \oplus 1$		190	$D^{190} \oplus D^{189} \oplus D^{188} \oplus D^{143} \oplus 1$
162	$D^{162} \oplus D^{161} \oplus D^{75} \oplus D^{74} \oplus 1$		191	$D^{191} \oplus D^{182} \oplus 1$
163	$D^{163} \oplus D^{162} \oplus D^{104} \oplus D^{103} \oplus 1$		192	$D^{192} \oplus D^{191} \oplus D^{189} \oplus D^{80} \oplus 1$
164	$D^{164} \oplus D^{163} \oplus D^{151} \oplus D^{150} \oplus 1$		193	$D^{193} \oplus D^{178} \oplus 1$
165	$D^{165} \oplus D^{164} \oplus D^{135} \oplus D^{134} \oplus 1$		194	$D^{194} \oplus D^{107} \oplus 1$
166	$D^{166} \oplus D^{165} \oplus D^{128} \oplus D^{127} \oplus 1$		195	$D^{195} \oplus D^{194} \oplus D^{193} \oplus D^{158} \oplus 1$
167	$D^{167} \oplus D^{160} \oplus 1$		196	$D^{196} \oplus D^{195} \oplus D^{194} \oplus D^{95} \oplus 1$
168	$D^{168} \oplus D^{166} \oplus D^{153} \oplus D^{151} \oplus 1$		197	$D^{197} \oplus D^{196} \oplus D^{195} \oplus D^{176} \oplus 1$
169	$D^{169} \oplus D^{135} \oplus 1$		198	$D^{198} \oplus D^{133} \oplus 1$
170	$D^{170} \oplus D^{147} \oplus 1$		199	$D^{199} \oplus D^{165} \oplus 1$
171	$D^{171} \oplus D^{170} \oplus D^{168} \oplus D^{129} \oplus 1$		200	$D^{200} \oplus D^{199} \oplus D^{198} \oplus D^{37} \oplus 1$
172	$D^{172} \oplus D^{165} \oplus 1$		201	$D^{201} \oplus D^{187} \oplus 1$

202	$D^{202} \oplus D^{147} \oplus 1$
203	$D^{203} \oplus D^{202} \oplus D^{201} \oplus D^{158} \oplus 1$
204	$D^{204} \oplus D^{203} \oplus D^{202} \oplus D^{118} \oplus 1$
205	$D^{205} \oplus D^{204} \oplus D^{203} \oplus D^{184} \oplus 1$
206	$D^{206} \oplus D^{205} \oplus D^{204} \oplus D^{59} \oplus 1$
207	$D^{207} \oplus D^{164} \oplus 1$
208	$D^{208} \oplus D^{207} \oplus D^{206} \oplus D^{125} \oplus 1$
209	$D^{209} \oplus D^{203} \oplus 1$
210	$D^{210} \oplus D^{209} \oplus D^{208} \oplus D^{79} \oplus 1$
211	$D^{211} \oplus D^{210} \oplus D^{209} \oplus D^{46} \oplus 1$
212	$D^{212} \oplus D^{107} \oplus 1$
213	$D^{213} \oplus D^{212} \oplus D^{211} \oplus D^{161} \oplus 1$
214	$D^{214} \oplus D^{213} \oplus D^{212} \oplus D^{127} \oplus 1$
215	$D^{215} \oplus D^{192} \oplus 1$
216	$D^{216} \oplus D^{215} \oplus D^{214} \oplus D^{109} \oplus 1$
217	$D^{217} \oplus D^{162} \oplus 1$
218	$D^{218} \oplus D^{207} \oplus 1$
219	$D^{219} \oplus D^{218} \oplus D^{217} \oplus D^{154} \oplus 1$
220	$D^{220} \oplus D^{219} \oplus D^{217} \oplus D^{167} \oplus 1$
221	$D^{221} \oplus D^{220} \oplus D^{219} \oplus D^{203} \oplus 1$
222	$D^{222} \oplus D^{221} \oplus D^{220} \oplus D^{149} \oplus 1$
223	$D^{223} \oplus D^{190} \oplus 1$
224	$D^{224} \oplus D^{223} \oplus D^{222} \oplus D^{64} \oplus 1$
225	$D^{225} \oplus D^{193} \oplus 1$
226	$D^{226} \oplus D^{225} \oplus D^{224} \oplus D^{169} \oplus 1$
227	$D^{227} \oplus D^{226} \oplus D^{225} \oplus D^{206} \oplus 1$
228	$D^{228} \oplus D^{227} \oplus D^{226} \oplus D^{170} \oplus 1$
229	$D^{229} \oplus D^{228} \oplus D^{227} \oplus D^{208} \oplus 1$
230	$D^{230} \oplus D^{229} \oplus D^{228} \oplus D^{205} \oplus 1$
231	$D^{232} \oplus D^{205} \oplus 1$
232	$D^{232} \oplus D^{231} \oplus D^{230} \oplus D^{209} \oplus 1$
233	$D^{233} \oplus D^{159} \oplus 1$
234	$D^{234} \oplus D^{203} \oplus 1$
235	$D^{235} \oplus D^{234} \oplus D^{233} \oplus D^{190} \oplus 1$
236	$D^{236} \oplus D^{231} \oplus 1$
237	$D^{237} \oplus D^{236} \oplus D^{235} \oplus D^{74} \oplus 1$
238	$D^{238} \oplus D^{237} \oplus D^{236} \oplus D^{233} \oplus 1$
239	$D^{239} \oplus D^{203} \oplus 1$
240	$D^{240} \oplus D^{239} \oplus D^{237} \oplus D^{191} \oplus 1$
241	$D^{241} \oplus D^{171} \oplus 1$
242	$D^{242} \oplus D^{241} \oplus D^{238} \oplus D^{161} \oplus 1$
243	$D^{243} \oplus D^{242} \oplus D^{241} \oplus D^{226} \oplus 1$
244	$D^{244} \oplus D^{243} \oplus D^{242} \oplus D^{148} \oplus 1$
245	$D^{245} \oplus D^{244} \oplus D^{243} \oplus D^{208} \oplus 1$
246	$D^{246} \oplus D^{245} \oplus D^{244} \oplus D^{235} \oplus 1$
247	$D^{247} \oplus D^{165} \oplus 1$
248	$D^{248} \oplus D^{247} \oplus D^{246} \oplus D^{5} \oplus 1$
249	$D^{249} \oplus D^{163} \oplus 1$
250	$D^{250} \oplus D^{147} \oplus 1$
251	$D^{251} \oplus D^{250} \oplus D^{249} \oplus D^{206} \oplus 1$
252	$D^{252} \oplus D^{185} \oplus 1$
253	$D^{253} \oplus D^{252} \oplus D^{251} \oplus D^{220} \oplus 1$
254	$D^{254} \oplus D^{253} \oplus D^{252} \oplus D^{247} \oplus 1$
255	$D^{253} \oplus D^{203} \oplus 1$
256	$D^{256} \oplus D^{255} \oplus D^{253} \oplus D^{240} \oplus 1$
257	$D^{257} \oplus D^{245} \oplus 1$
258	$D^{258} \oplus D^{175} \oplus 1$

Literatur

[AGA81]   V.K. Agarval, E. Cerny, "Store and Generate Built-In Testing Approach", Proc. 11th Int. Symp. Fault-Tolerant Computing, pp. 35-40, 1981.

[AGR85]   V.D. Agrawal, S.C. Seth, C.C.Chuang, "Probabilistically Guided Test Generation", Proc. ISCAS 85, June 1985, pp. 687-690",1985.

[AKE77]   S.B. Akers, "Partitioning for Testability", Journal of Design Automation & Fault Tolerant Computing", Feb. 1977, pp. 133-146, 1977.

[AKE89]   S.B. Akers, W. Jansz, "Test Set Embedding in Built-In Self Testing Approach", Proc. IEEE Int. Test Conf. Washington, D.C., pp. 257-263, 1989.

[ANT86]   K.J. Antreich, M.H. Schulz, "Fast Fault Simulation in Combinational Circuits", Proc. Intern. Conf. on CAD, 1986.

[ARM72]   D. B. Armstrong, "A Deductive Method for Simulating Faults in Logic Circuits", IEEE Trans. on Comp. , C-21, No. 5, pp. 464-471, 1972.

[BAR83]   Z. Barzilai, B.K. Rosen, "Comparison of AC Self-Testing Procedures", Proc. 1983 Intern. Test Conf., Washington DC., pp. 89-94, 1983.

[BARD87]   P.H. Bardell, W.H. Mc Anney, J. Savir, "Built-In Test for VLSI-Pseudorandom Techniques", Wiley & Sons, Inc., 1987.

[BENO75]   N. Benowitz, D. Calhoun, G. Alderson, J. Bauer, C. Joeckel, "An Advanced Fault Isolation System for Digital Logic", IEEE Trans. Comp., No. 5, pp. 489-497, 1975.

[BOO67]   T.L. Booth, "Sequential Machines and Autmata Theory", Wiley, New York, 1967.

[BOU96]   S. Bouzebari, B. Kaminska,"A Built-In Self-Test Generator Based on Cellular Automata Structures", IEEE Trans. on Comp., vol. 44, No. 6, pp. 805-814, 1995.

[BRE76]   M.A. Breuer, A.D. Friedman, "Diagnosis & Reliable Design of Computers",
               Computer Science Press, Woodlands Hills, California, USA, 1976.

[BRI86]   A.J. Briers, K.A.E. Totton, "Random Pattern Testability by Fast Fault
               Simulation", Proc. 1986 Intern. Test Conf. Washington, DC., pp. 274-281,
               1986.

[BRG84]   F. Brglez, P. Pownall, R. Hum, "Applications of Testability Analysis: From
               ATPG to Critical Delay Path Tracing", Proc. Int. Test Conf., Philadelphia, PA,
               pp. 705-712, 1984.

[BRG85]   F. Brglez, H. Fujiwara, "A Neutral Netlist and a Target Translator in
               FORTRAN", Special Session on ATPG and Fault Simulation, Proc. Int. Symp.
               on Circ. a. Systems, 1985.

[BRG85a]   F. Brglez, P. Pownall, R. Hum, "Accelerated ATPG and Fault Grading via
               Testability Analysis", Proc. ISCAS 85, pp. 695-698, 1985.

[CAR82]   W.C. Carter,"The Ubiquitious Parity Bit", Proc. FTCS-12, Portland, 1982.

[CAR85]   J.L. Carter, S. Dennis, V.S. Iyengar, B.K. Rosen, "ATPG by Random Pattern
               Simulation",Proc. ISCAS 85, pp. 683-686, 1985.

[DAE81a]   W. Daehn, J. Mucha, "A Hardware Approach to Self-Testing of Large
               Programmable Logic Arrays", IEEE Trans. Comp., Vol. C-30, No. 11, pp.
               829-833, 1981.

[DAE81b]   W. Daehn, J. Mucha, "Hardware Test Pattern Generation for Built-In Testing",
               Proc. 1981 Intern. Test Conference, Philadelphia, PA., pp. 110-113, 1981.

[DAE82]   W. Daehn, "Testmustergenerierung für den Selbstest integrierter
               Digitalschaltungen", Dissertation, Fakultät für Maschinenwesen der Universität
               Hannover, 1982.

[DAE84a]   W. Daehn, M. Grützner, "Ein universeller Baustein für den
               Leiterplattenselbsttest ,GMD Studie 94, Entwurf integrierter Schaltungen, E.I.S.
               Workshop, Nov. 1984, pp. 216-224, 1984.

[DAE86c]   W. Daehn, D. Kannemacher, "Ein selbsttestendes CMOS-Rechenwerk", GMD
               Studie 110, 2. E.I.S.-Workshop, Bonn, 3. 1986, pp. 227-233, 1986.

[DAE86c]   W. Daehn, D. Kannemacher, "Ein selbsttestendes CMOS-Rechenwerk", GMD
               Studie 110, 2. E.I.S.-Workshop, Bonn, 3. 1986, pp. 227-233, 1986.

[DAE86d]   W. Daehn, J. Groß, "A Test Generator IC for Testing Large CMOS RAMs",
               Proc. 1986 Test Conf., Washington, DC, pp. 18-24, 1986.

[DAE87b]   W. Daehn, M. Geilert, "Fast Fault Simulation by Compiler Driven Single Fault
              Propagation" Proc. Intern. Test Conf. 1987, Washington DC., Sept. 1-3, pp.
              286-292, 1987.

[DAE87c]   W. Daehn, J. Groß, "Ein Testgenerator IC zum Test von 256-k Bit dynamischen
              RAMs", GMD Studie 126, 3. E.I.S.-Workshop, Bonn, Oktober 1987, pp.
              268-280, 1987.

[DAE89]   W. Daehn, "Lastverteilung in einer hybiden Testmusterberechnungsumgebung",
              GMD Studie 155, 4. E.I.S.-Workshop, Feb. 1989, Bonn, pp. 104-115, 1989.

[DAE89a]   W. Daehn, "A Switching Criterion for Hybrid ATPG", Proc. 1st European Test
              Conference, Paris, April 1989, pp. 26-32, 1989.

[DAE91b]   W. Daehn, D. Kannemacher, J. Castagne,"Vector Length Control for Compiled
              Code event Driven Pattern Parallel Fault Simulation", Proc. ETC-91, pp.
              165-171, 1991.

[DAE93]   W. Daehn, "Statistische Verfahren für den Test integrierter digitaler
              Schaltungen", Habilitationsschrift, Fakultät für Maschinenwesen der Universität
              Hannover, 1993.

[DAM89]   M. Damiani, P.Olivo, M. Favalli, S. Ercolani, B. Ricco, "Aliasing in Signature
              Analysis Registers with Multiple Input Shift Registers", Proc. 1st European Test
              Conf., Paris, April 12-14, pp. 346-353, 1989.

[DAN84]   R. Dandapani, J. Patel, J. Abraham, "Design of Test Pattern Generators for
              Built-In Test", Proc. IEEE international Test Conference, pp. 315-319, 1984.

[DAVR80]   R. David, "Testing by Feedback Shift Registers", IEEE Trans. Comp., No. 7,
              pp. 669-673, 1980.

[DAVR84]   R. David, "Signature Analysis of Multi-Output Circuits", Proc. FTCS-14,
              Orlando, FL, pp. 366-371, 1984.

[DUF95]   C. Dufaza, H. Viallon, C. Chevalier, "Bist Hardware Generator for Mixed Test
              Scheme", Proc. IEEE European Design and Test Conference, pp. 424-430,
              1995.

[EIC77]   E.B. Eichelberger, T.W. Williams, "A Logic Design Structure for LSI
              Testability", Proc. 14th Design Automation Conference, pp. 462-468, 1977.

[EIC83]   E.B. Eichelberger, E. Lindblom,"Random-Pattern Coverage Enhancement and
              Diagnosis for LSSD Logic Self-Test", IBM J. Res. Develop., Vol. 27, No. 3,
              pp. 265-272, 1983.

[EL81]   Y. El-ziq, "Functional Level Test Generation for Stuck-Open Faults in CMOS
              VLSI", Proc. 1981 Intern. Test Conf., Philadelphia, PA., pp. 536-546,1981.

[FEL65]   W. Feller, "An Introduction to Probability Theory and its Applications", Wiley
              & Sons, Inc., New York, 1965.

[FIN89]   F. Fink, M.H. Schulz, K. Fuchs, "Parallel Pattern Fault Simulation of Path Delay
              Faults", Proc. 26th Design Automation Conference, Las Vegas Nev., 1989.

[FIS76]   M. Fisz, "Wahrscheinlichkeitsrechnung und mathematische Statistik",
              Hochschulbücher für Mathematik, VEB Deutscher Verlag der Wissenschaften,
              Berlin, 1976.

[FRO77]   R.A. Frohwerk, "Signature Analysis: A New Digital Field Service Method",
              Hewlett Packard Journal, Mai, pp. 2-8, 1977.

[FUJ83]   H. Fujiwara, T. Shimono, "On the Accelertion of Test Generation Algorithms",
              IEEE Trans. Comp., Dec. 1983, vol. C-32, pp. 1137-1144, 1983.

[FUN75]   S. Funatsu, K. Kinoshita, H. Ozaki, "Test Generation Systems in Japan", Proc.
              12th Design Automation Symposium, vol.6, pp. 114-122, 1975.

[GAD69]   T.G. Gaddes, "Improving the Diagnosability of Modular Combinational Logic
              by Test Point Insertion", Coordinate Science Lab., Univ. of Illinois, Report
              R-409, March 1969.

[GAR78]   M.R. Garey, D.S. Johnson, "Computers and Intractability, A Guide to the
              Theorie of NP-Completeness", W.H. Freeman and Company, San Francisco,
              pp. 169, 1978.

[GEL86]   P. Gelsinger, "Built-In Self-Test of the 80386", Proc. IEEE, pp. 161-164, 1986.

[GOE81]   P. Goel, "An Implicit Enumeration Algorithm to Generate Tests for
              Combinational Circuits", IEEE Trans. Comp., March 1981, vol. C-30, pp.
              215-222, 1981.

[GOL67]   S.W. Golomb, "Shift Register Sequences", Holden-Day,1967.

[GOLD79]   L.H. Goldstein, "Controllability/Observatility Analysis of Digital Circuits", IEEE
              Trans. Circuits & Systems, CAS-26(9), pp. 685-693, 1979.

[GOLD80]   L.H. Goldstein, E.L. Thigpen, "SCOAP: Sandia Controllability/Observability
              Analysis Program", Proc. 17th Design Automation Conference, Mineapolis, MN,
              June, pp. 190-196, 1980.

[GOU91]   N. Gouders, R. Kaibel, "PARIS: A Parallel Pattern Fault Simulator for Synchronous Sequential Circuits", Proc. ICCAD-91, Santa Clara, CA. , pp. 542-545, 1991.

[GRASS82]   G. Grassl, W. Daehn, U. Ludemann, U. Theus, "Ein 32-bit Rechenwerk mit eingebautem Hardware-Selbsttest", Informatik-Fachberichte 54, Fehlertolerierende Rechnersysteme, GI-Fachtagung, März 1982, pp. 45 -59, 1982.

[GRASO79]   J. Grason, "TMEAS, A Testability Measurement Program", Proc. 16th Design Automation Conference, San Diego, CA, June, pp. 156-161, 1979.

[GRUE90]   T. Grüning, U. Mahlstedt, W. Daehn, C. Öczan, "Accelerated Test Pattern Generation by Cone Oriented Circuit Partitioning", Proc. 1st European Design Automation Conference, Glasgow, March 1990, pp. 418-423, 1990.

[HAY74]   J.P. Hayes, A.D. Friedman, "Test Point Placement to Simplify Fault Detection", IEEE Trans. Comp., Vol. C-23, No. 7, pp. 727-735, 1974.

[HAY76]   J.P. Hayes, "Check Sum Test Methods", Proc. FTCS 6, Pittsburg, PA, pp. 114-119, 1976.

[HEL92]   S. Hellebrand, S. Tarnick, J. Rajski, B. Courtois, "Generation of Vector Patterns Through Reseeding of Multiple Polynomial Linear Feedback Shift Registers", Proc. IEEE Intern. Test Conference, pp, 120-129, 1992.

[HORT90]   P.D. Hortensius, R.D. Mc Leod, B.W. Podaima, "Cellular Automata Circuits for Built-In Self Test", IBM Jounal on Research & Development, vol. 34, No. 2, pp. 389-399, 1990.

[HUI88]   L.M. Huisman, "The Reliability of Approximate Testability Measures", IEEE Design & Test, Dec. 1988, pp. 57-67, 1988.

[IBA75]   O.H. Ibarra, S.K. Sahni, "Polynomially Complete Fault Detection Problems", IEEE Trans. Comp., C-24(3), pp. 242-249, 1975.

[ISH87]   N. Ishiura, M. Ito, S. Yajima, "High Speed Fault Simulation Using a Vector Processor", Proc. ICCAD 1987, pp. 10-13, 1987.

[IVA86]   A. Ivanov, V.K. Agrawal, "Testability Measures - What do they do for ATPG?", Proc. 1986 Int. Test Conf., Washington, DC, pp. 129-138, 1986.

[IYE88]   V. Iyengar, B.K. Rosen, I. Spillinger, "Delay Test Generation 1 -- Concepts and Coverage Metrics", Proc. 1988 Intern. Test Confer., Washington DC., pp. 857-875, 1988.

[IYE89]   V.S. Iyengar, D. Brand, "Synthesis of Pseudo-Random Pattern Testable
               Designs", Proc. 1989 Int. Test Conf., Washington, D.C., pp. 501-508, 1989.

[JAI84]   S.K. Jain, V.D.Agrawal, "STAFAN: An Alternative to Fault Simulation", Proc.
               21st Design Automation Conference, pp. 18-23, 1984.

[JORC95]   U. Jorczyk, W. Daehn, R. Neumann, Fault Modelling of Differential ECL,
               Procedings EURODAC-95, Brighton, pp. 190-195, 1995.

[KAG96]   D. Kagaris, S. Tragoudas, A. Majumbar, "Deterministic Test Pattern
               Reproduction by a Counter", Proc. IEEE European Design & Test Conference,
               pp. 37-41, 1996.

[KAR72]   R.M. Karp, "Reducibility among Combinatorial Problems", in R.E. Miller, J.W.
               Thatcher 'Complexity of Computer Computation', Plenum Press, pp. 85-103,
               1972.

[KIM90]   K.S. Kim, C.R. Kime, "Partial Scan by Empirical Testability", Proc. ICCAD-90,
               Santa Clara, pp. 314-317, 1990.

[KIR87]   T. Kirkland, M.R. Mercer, "A Topological Search Algorithm for ATPG", Proc.
               24th Design Autmation Conference, pp. 502-508, 1987.

[KOB68]   T. Kobayashi, T. Matsue, M. Shibata, "Flip-Flop Circuit with FLT Capability",
               Proc. IECEO Conf., p. 692, 1968.

[KOEN79]   B. Koenemann, J. Mucha, G. Zwiehoff, "Built-in Logic Block Observation
               Techniques", Proc. 1979 IEEE Test Conf., Cherry Hill, NJ., pp. 37-41, 1979.

[KOEN80]   B. Koenemann, J. Mucha, G. Zwiehoff, "Built-In Test for Complex Digital
               Integrated Circuits", IEEE J. Solid State Circuits, SC-15(3), pp. 315-318, 1980.

[KOEP85]   S. Köppe, C.W. Starke,"Logiksimulation komplexer Schaltungen für sehr große
               Testlängen", Vorträge der NTG-Fachtagung 'Großintegration', Baden-Baden,
               pp. 73-80, 1985.

[KOEP86]   S. Köppe ,"Modelling and Simulation of Delay Faults in CMOS Logic Circuits",
               Proc. 1986 Intern. Test Conf., Washington, DC, pp. 530-536, 1986.

[KOEP87]   S. Köppe, "Optimal Layout to Avoid CMOS stuck-open Faults", Proc. 24th
               Design Automation Conference, pp. 829-835, 1987.

[KRI85]   B. Krithnamurthy, R.L. Sheng, "A New Approach to the Use of Testability
               Analysis in Test Generation", Proc. Intern. Test Conf. 1985, Washington, DC.,
               pp. 769-778, 1985.

[KRI87]   B. Krishnamurthy, "A Dynamic Programming Approach to the Test Point Insertion Problem", Proc. 24th Design Automation Conference", pp. 695-705, 1987.

[KRIE93]   R. Krieger, B. Becker, R. Sinkovic, "A BDD - based Algorithm for Computation of Exact Fault Detection Probabilities", Proc. 23rd Intern. Symp. On Fault Tol. Computing, pp. 186-195, 1993.

[KUN93]   A. Kunzmann, "FPGA-based Self-Test with Deterministic Test Patterns", Second International Workshop on Field-Programmable Logic and Application , Springer Verlag, LNCS 705, pp 175-182 , 1993.

[LAM83]   P. Lamoureux, V.K. Agrawal, "Non-Stuck-At Fault Detection in nMOS Circuits by Region Analysis", Proc. 1983 Intern. Test Conf., pp. 129-134, 1983.

[LAR89]   T. Larrabee, "Efficient Generation of Test Patterns Using Boolean Difference", Proc. 1989 Intern. Test Conference, Washington, DC., pp. 795-801, 1989.

[LEE90]   D.H. Lee, S.M. Reddy, "On Determining Scan Flip-Flops in Partial Scan", Proc. ICCAD-90, Santa Clara, pp. 322-326, 1990.

[LOS78]   J. Losq, "Efficiency of Random Compact Testing", IEEE Trans. Comp., Vol. C-27, No. 6, pp. 516-525, 1978.

[MAHL90]   U. Mahlstedt, T. Grüning, C. Özcan, W. Daehn, "A Very Fast ATPG Tool for Very Large Conbinational Circuits", Proc. ICCAD-90, November 11-15, Santa Clara, CA., pp. 222-225, 1990.

[MIL88]   S.D. Millman, E.J. McCluskey, "Detecting Bridging Faults with Stuck-at Test Sets", Proc. 1988 Intern. Test Conf., pp. 773-783, 1988.

[MOO56]   E.F. Moore, "Gedankenexperiments on Sequential Machines", in 'Annals of Mathematical Studies', ed. C.E. Shannon, Princeton Univ. Press, #34, pp. 129-153, 1956.

[MOTI83]   F. Motika, J.A. Waicukauski, E. Lindbloom, "An LSSD Pseudo Random Pattern Test System, Proc. 1983 Intern. Test Conf., pp. 283-288, 1983.

[MUC86]   J. Mucha, W. Daehn, "Self-Test in a Standard Cell Environment", IEEE Design & Test of Computers", Dec. 1986, pp. 35-41, 1986.

[NAG71]   M. Nagime,"An Automated Method for Designing Logic Circuit Diagnostic Programs ,Proc. 8th ACM-IEEE Design Automation Conference, June 1971, pp. 236-241, 1971.

[OPP75]   A.V. Oppenheim, R.W. Schaefer, "Digital Signal Processing", Prentice Hall, Englewood Cliffs, NJ., 1975.

[PAR75]   K.P. Parker, E.J. Mc Cluskey, "Probabilistic Treatment of General Combinational Networks", IEEE Trans Comp, June 1975, pp. 668-670, 1975.

[PAR75a]   K.P. Parker, E.J. McCluskey, "Analysis of Logic Circuits with Faults Using Input Signal Probabilities", IEEE Trans. Comp, No. 5, pp. 573-577, 1975.

[PAR76]   K.P. Parker, "Compact Testing: Testing with Compressed Data", Proc. FTCS-6, Pittsburg, June 1976, pp. 93-98, 1976.

[PHIL78]   N. D. Phillips, J.G. Tellier, "Efficient Event Manipulation - The Key to Large Scale Simulation", Proc. Intern. Test Conference, Chery Hill, PA., pp. 266-273, 1978.

[PLAZ95]   P. Plaza, J.C. Diaz, F. Calvo, L.Merayo, M. Zamboni, P. Scarfone. M. Barbini,"Input And Output Prozessor for an ATM High Speed Switch (2,5 gb/s): The CMC", Proc. Europ. Design & Test Conference 95, Paris, France, pp. 162-172, 1995.

[PRAD91]   D. Pradhan, S. Nori, J. Swaminathan, "A Methodolgy for Partial Scan Design", Proc. European Test Conference 1991, Munich , pp. 263-271, 1991.

[RED72]   S.M. Reddy, "Easily Testable Realizations for Logic Functions", IEEE Trans. Comp. C-21, Nov. 1972, pp. 1183-1188,1972.

[ROT66]   J.P. Roth, "Diagnosis of Automata Failures: A Calculus and a Method", IBM Journal on Research and Development, 10, pp. 278 -281, 1966.

[ROT67]   J.P. Roth, W.G. Bouricious, P.R. Schneider, "Programmed Algorithms to Compute Tests to Detect and Distinguish Between Failures in Logic Circuits",IEEE Trans. on Electronic Computers, vol.EC-16, pp. 567-580, 1967.

[ROT78]   J.P. Roth, "Improved Test-Generating D-Algorithm", IBM Technical Disclosure Bulletin, vol. 20, pp. 392-394, 1978.

[SAV80]   J. Savir, "Syndrome-testable Design of Combinational Circuits", IEEE Trans. Comp., June, pp. 442-451, 1980.

[SCH88]   M.H. Schulz, E. Trischler, T.M. Sarfert, "SOCRATES: A Highly Efficient Automatic Test Pattern Generation System", IEEE Trans. CAD, Vol. 7, No.1, pp. 126-137, 1988.

[SCHNEI67]   P.R. Scheider, "On the Necessity to Examine D-Chains in Diagnostic Test Generation - An Example"', IBM Journal on Research & Development, vol. 11, pp. 114, 1967.

[SEL68]   E.F. Sellers, M.Y. Hsiao, L.W.Bearnson, "Analyzing Errors with the Boolean Difference", IEEE Trans. Comp., Vol C-17, Dec., pp. 676-683, 1968.

[SET85]   S.C. Seth, L. Pan, V.D. Agrawal, "PREDICT - Probabilistic Estimation of Digital Circuit Testability", Proc. FTCS-15, Ann Arbor, Mich., pp. 220-225, 1985.

[SET86]   S.C. Seth, B.B. Bhattacharya, "An Exact Analysis for Efficient Computation of Random-Pattern Testability in Combinational Circuits", Proc. 16th Int. Fault Tolerant Computing Symposium, Vienna, pp. 318-323, 1986.

[SHEN85]   J.P. Shen, W. Maly, F.J. Ferguson,"Inductive Fault Analysis of MOS Integrated Circuits", IEEE Design & Test of Computers, Vol. 2, No.12, Dec. 1985, pp. 13-26, 1985.

[SIA94]   "The National Technology Roadmap for Simconductors", Semiconductor Roadmap Association, 1994.

[SMI80]   J.E. Smith, "Measures of the Effectiveness of Fault Signature Analysis", IEEE Trans. Comp., June 1980, pp. 103-107, 1980.

[SOU87]   L. Soule, T. Blank, "Statistics for Parallelism and Abstraction Level in Digital Simulation", Proc. 24th Design Automation Conference, pp. 588-591, 1987.

[STA89]   C.W. Starke, "An Efficient Self-Test Strategy for Testing VLSI-Chips", Proc. COMPEURO 89, Hamburg, May 8-12, pp. 116-119, 1989.

[STE76]   J.E. Stephenson, J. Grason, "A Testability Measure for Register Transfer Level Digital Circuits", Proc. 6th Annual Fault-Tolerant Computing Symposium, Pittsburgh, PA., June 1976, pp. 101-107, 1976.

[SUS81]   A.K. Suskind, "Testing by Verifying Walsh Coefficients", Proc. FTCS-11, pp. 206-208, 1981.

[SWAN62]   R.G. Swan, "Factorization of Polynomials over Finite Fields", Pacific Journal Math., Vol. 12, pp. 1099-1106, 1962.

[TAR74]   R.E. Tarjan, "Finding Dominators in Directed Graphs", SIAM Journal of Computing, Vol. 3, pp. 62-89, 1974.

[TRI80]   E. Trischler, "Incomplete Scan Path with Automatic Test Generation Methodology", Proc. Int. Test Conf. 1980, pp. 153-162 ,1980.

[ULR73]   E.G. Ulrich, T. Baker, "The Concurrent Simulation of Nearly Identical Digital Networks", Proc. 1973 Design Automation Workshop, pp. 145-150, 1973.

[VAN94]   J. Van Sas, F. Catthoor, H. De Man, "Cellular Automata Based Deterministic Self-Test Strategies for Programmable Data Paths", IEEE Intern. Test Conference, pp. 940-953, 1994.

[VDW49]   B.L. Van der Waerden, "Modern Algebra", Vol. 1 and Vol. 2, Ungar, NY, 1950.

[VID95]   E.K. Vida-Torku, C.H. Malley, S. Park, R. Reed,"Design and Test of the PowerPC 603 Mikroprocessor", Proc. Europ. Design & Test Conference 95, Paris, France, pp. 378-384, 1995.

[VNEU56]   J. von Neumann, "Probabilistic Logics and the Synthesis of Reliable Organisms from Unreliable Parts", Automata Studies, C.E. Shannon, J. Mc Carthy (eds.), Princeton University Press, pp. 329-378, 1956.

[WAI85]   J.A. Waicukauski, E.B. Eichelberger, D.O. Forlenza, E. Lindbloom, T.McCarthy, "Fault Simulation for Structured VLSI", VLSI System Design, Dec. 1985, pp. 20-28, 1985.

[WAI86]   J.A. Waicukauski, E. Lindblom, "Transition Fault Simulation by Parallel Pattern Single Fault Propagation", Proc. 1986 Intern. Test Conference, Washington DC., pp. 542-549, 1986.

[WAD78]   R.L. Wadsack, "Fault Modelling and Logic Simulation of CMOS and MOS Integrated Circuits", Bell System Technical Journal, 57 (5), pp. 542-549, 1978.

[WIL73]   M.J.Y. Williams, J.B. Angell, "Enhancing Testability of Large Scale Integrated Circuits via Test Points and Additional Logic", IEEE Trans. Comp., C-22, No. 1, pp. 46-60, 1973.

[WIL86]   T.W. Williams, W. Daehn, M. Grützner, C.W.Starke, "Comparison of Aliasing Errors for Primitive and Non-Primitive Polynomials", Proc. 1986 Intern. Test Conf., Washington DC., pp. 282-288, 1986.

[WIL88]   T.W. Williams, W. Daehn, M. Gruetzner, C. W. Starke, "Bounds and Analysis of Aliasing Errors in Linear Feedback Shift Registers", IEEE Trans. on CAD, vol. 7, No.1, pp. 75-83, 1988.

[WIL89]   T.W. Williams, W. Daehn, "Aliasing Errors in Multiple Input Signature Analysis Registers", Proc. 1st European Test Conference, Paris, April 12-14, pp. 338-345, 1989.

[WU85]   H.J. Wunderlich, "PROTEST: A Tool for Probabilistic Testability Analysis", Proc. 22nd Design Automation Conference, pp. 204-211, 1985.

[WU90]   H. Wunderlich, A. Kunzmann, "An Analytical Approach to the Partial Scan Problem", Journal of Electronic Testing: Theory and Applications, vol. 1, pp. 163-174, 1990.

Druck: COLOR-DRUCK DORFI GmbH, Berlin
Verarbeitung: Buchbinderei Lüderitz & Bauer, Berlin

Springer
und
Umwelt

 Springer